变电站智能化提升 关键技术 丛书

变压器及无功设备

国网湖南省电力有限公司 组编

中国电力出版社
CHINA ELECTRIC POWER PRESS

内 容 提 要

为促进智能变电站的发展，加强电力从业人员对变电运维检修常见问题及解决方案的交流和学习，国网湖南省电力有限公司组织编写了《变电站智能化提升关键技术丛书》，丛书包括《变压器及无功设备》《二次及辅助系统》《互感器设备》《开关设备》4个分册。

本分册为《变压器及无功设备》，共5章，分别介绍了变压器、并联电容器、低压电抗器、静止无功补偿装置和高压套管五类设备的智能化提升关键技术，并给出了变压器、并联电容器、低压电抗器、静止无功补偿装置和高压套管五类设备的对比及选型建议。

本书可供供电企业从事变电一次设备运维、检修工作的技术及管理人员使用，也可供制造厂、电力用户相关专业技术人员及大专院校相关专业师生参考。

图书在版编目（CIP）数据

变压器及无功设备 / 国网湖南省电力有限公司组编. —北京：中国电力出版社，2020.9
（变电站智能化提升关键技术丛书）
ISBN 978-7-5198-4932-0

Ⅰ.①变… Ⅱ.①国… Ⅲ.①变电所－变压器－研究②变电所－无功补偿－补偿装置－研究 Ⅳ.①TM641

中国版本图书馆CIP数据核字（2020）第167572号

出版发行：中国电力出版社
地　　址：北京市东城区北京站西街19号（邮政编码100005）
网　　址：http：//www.cepp.sgcc.com.cn
责任编辑：赵　杨（010-63412287）
责任校对：黄　蓓　马　宁
装帧设计：张俊霞
责任印制：石　雷

印　　刷：三河市百盛印装有限公司
版　　次：2020年9月第一版
印　　次：2020年9月北京第一次印刷
开　　本：787毫米×1092毫米　16开本
印　　张：12.5
字　　数：269千字
定　　价：64.00元

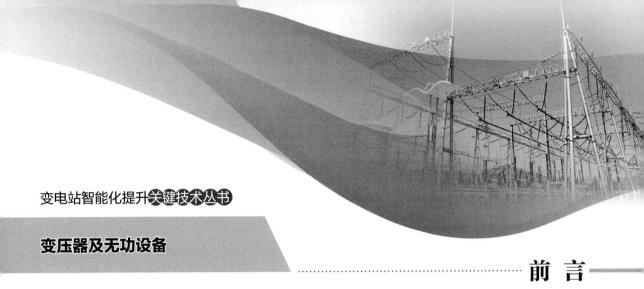

变电站智能化提升关键技术丛书

变压器及无功设备

为促进变电站运行可靠性及智能化水平提升，加强电力行业从业人员对变电站运维检修过程中常见问题及解决方案的交流学习，实现电网"供电更可靠、设备更安全、运检更高效、全寿命成本更低"，国网湖南省电力有限公司组织编写了《变电站智能化提升关键技术丛书》，丛书包括《变压器及无功设备》《二次及辅助系统》《互感器设备》《开关设备》4 个分册。本丛书全面继承传统变电站、第一代智能变电站及新一代智能变电站内设备优点，全方位梳理电力行业新成果，凝练一系列针对各类设备的可靠性提升措施和智能关键技术。为使读者能够对每类设备可靠性提升措施和智能关键技术有完整、系统的了解和认识，本丛书在系统性调研的基础上，整理了各运维单位及设备厂家设备实际运行过程中的相关故障及缺陷案例，并综合电力行业专家意见，从主要结构型式、主要问题分析、可靠性提升措施、智能化关键技术、对比选型建议等五个方面对每类设备分别进行详细介绍，旨在解决设备的安全运行、智能监测等问题，从而提升设备本质安全及运检便捷性。

本分册为《变压器及无功设备》，共 5 章，第 1 章介绍了油浸式变压器、干式变压器、SF_6 气体绝缘变压器、油浸式高压电抗器的可靠性提升措施和智能化关键技术，给出了不同型式变压器的对比及选型建议。第 2 章介绍了框架式并联电容器、紧凑型集合式并联电容器、常规集合式并联电容器的可靠性提升措施和智能化关键技术，给出了不同型式并联电容器的对比及选型建议。第 3 章介绍了干式电抗器、油浸式低压电抗器的可靠性提升措施和智能化关键技术，给出了不同型式低压电抗器的对比及选型建议。第 4 章介绍了静止无功补偿装置的可靠性提升措施和智能化关键技术，给出了不同型式高压无功补偿类设备对比及选型建议。第 5 章介绍了瓷质油套管、电容型复合绝缘套管、干式玻璃钢套管的可靠性提升措施及智能化关键技术，给出了不同型式高压套管的对比及选型建议。

本书涵盖知识较广、较深，对电力行业变压器及无功设备的发展具有一定的前瞻性，值得电力行业从业人员学习和研究。

限于作者水平和时间有限，书中难免出现疏漏和不妥之处，敬请读者批评指正。

编者

2020 年 6 月

变压器及无功设备

目 录

前言

第1章 变压器智能化提升关键技术 ·································· 1

1.1 油浸式变压器 ·· 1

1.2 干式变压器 ··· 38

1.3 SF$_6$ 气体绝缘变压器 ··· 42

1.4 油浸式高压电抗器 ··· 45

1.5 SF$_6$ 气体绝缘变压器和油浸式变压器对比及选型建议 ·············· 55

1.6 植物油变压器与矿物油变压器对比及选型建议 ····················· 58

第2章 并联电容器智能化提升关键技术 ·························· 63

2.1 框架式并联电容器 ··· 63

2.2 紧凑型集合式并联电容器 ··· 82

2.3 常规集合式并联电容器 ·· 95

2.4 电容器成套装置对比及选型建议 ····································· 104

第3章 低压电抗器智能化提升关键技术 ·························· 112

3.1 干式电抗器 ··· 112

3.2 油浸式低压电抗器 131

3.3 低压电抗器类设备对比及选型建议 137

第4章 静止无功补偿装置智能化提升关键技术 **141**

4.1 静止无功补偿装置 141

4.2 高压无功补偿类设备对比及选型建议 154

第5章 高压套管智能化提升关键技术 **157**

5.1 瓷质油套管 157

5.2 电容型复合绝缘套管 174

5.3 干式玻璃钢套管 181

5.4 高压套管对比及选型建议 186

第1章　变压器智能化提升关键技术

1.1　油浸式变压器

1.1.1　简介

变压器是电力系统的核心设备，利用电磁感应原理传递电能，主要部件包括铁心、绕组、绝缘、外壳和必要的组件。从19世纪80年代第一台电力变压器问世至今，其制造工艺和运维检修技术不断提升，变压器朝着电压更高、容量更大、运行更可靠的方向持续发展。

目前，国家电网范围内运行最高电压等级的变压器是1000MVA/1000kV特高压交流变压器（见图1-1），以及±800kV特高压换流变压器。国内联合研制的世界首台单体式1500MVA/1000kV单相特高压交流变压器样机顺利通过全部型式试验项目，并具有电压高、容量大、损耗小、噪声低等特点，主要技术性能指标达到国际领先水平。±1100kV换流变压器的关键技术研发已经基本完成。此外，气体绝缘变压器、植物油变压器、非晶合金变压器等新型变压器在国内应用也越来越广泛。

图1-1　1000MVA/1000kV 特高压变压器

油浸式变压器以绝缘油作为主要绝缘和冷却介质。绝大多数大中型变压器使用的矿物绝缘油和纤维材料配合良好、运动黏度低，具有优异的绝缘性能和传热性能，同时能够保护铁心、绕组和绝缘件免受空气中湿气和氧气的影响，减缓部件老化，延长变压器寿命。

1.1.2　主要问题分析

1.1.2.1　按类型分析

对电力行业油浸式变压器问题统计分析，共提出主要问题22大类、54小类，如表1-1

所示，主要问题占比（按问题类型）如图 1-2 所示。

表 1-1 油浸式变压器主要问题类型

问题分类	占比（%）	问题细分	占比（%）
渗漏油	12.8	本体渗漏	4.5
		分接开关	3.0
		非电量及表计接口	1.9
		散热器	1.3
		套管	0.7
		储油柜	0.7
		阀门	0.7
部件设计不合理	12.5	不方便巡视或检修	4.9
		铁心和夹件引出线问题	2.6
		部件位置存在隐患	2.7
		其他	2.3
抗短路能力不足	9.2	本体抗短路能力不足	7.2
		防近区短路能力不足	2.0
分接开关缺陷	8.9	传动机构	1.3
		失修	1.3
		非电量保护装置	1.3
		选型问题	1.0
		触头烧蚀	1.0
		调压频繁	0.7
		其他部件损坏	2.3
局部过热	6.9	线夹接头	5.3
		漏磁	1.6
冷却系统缺陷	6.6	强油循环系统问题	2.3
		油路不畅	1.3
		控制系统故障	1.0
		电机质量问题	1.0
		其他	1.0
防雨措施不足	5.9	非电量保护装置	4.2
		二次端子箱	1.0
		其他	0.7
储油柜缺陷	4.3	容量选择过小	2.0
		滑轨或连杆卡涩	1.6
		胶囊破裂	0.7

续表

问题分类	占比（%）	问题细分	占比（%）
气体继电器	3.9	选型问题	1.3
		集气盒损坏	1.0
		内部元件损坏	0.9
		未定期校验	0.7
铁心多点接地	3.9	铁心多点接地	3.9
呼吸器	3.3	不方便运维	2.6
		其他	0.7
油色谱异常	3.0	油色谱异常	3.0
土建问题	2.6	土建问题	2.6
消防装置问题	2.3	消防装置问题	2.3
安装工艺不良	1.6	安装工艺不良	1.6
在线监测装置问题	1.6	配置不到位	1.0
		套管无监测手段	0.3
		分接开关无监测手段	0.3
压力释放阀	1.3	导向管朝向不合理	1.0
		选型问题	0.3
绝缘受潮	1.0	绝缘受潮	1.0
线夹开裂	0.7	线夹开裂	0.7
新油不符合标准	0.7	新油不符合标准	0.7
锈蚀	0.7	锈蚀	0.7
其他	6.3	其他	6.3

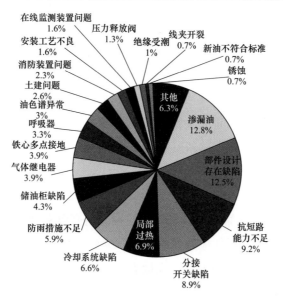

图 1-2　油浸式变压器主要问题占比（按问题类型）

1.1.2.2 按电压等级分析

按电压等级统计，35kV 设备占 4%；66kV 设备占 2%；110kV 设备占 31%；220kV 设备占 39%；330kV 设备占 7%；500kV 设备占 7%；750kV 设备占 2%；1000kV 设备占 1%；±800kV 和 ±660kV 设备占 0.3%；覆盖全电压等级设备占 6.7%。主要问题占比（按电压等级）如图 1-3 所示。

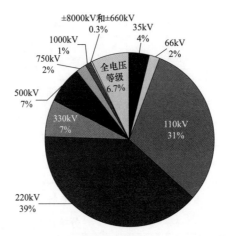

图 1-3 油浸式变压器主要问题占比（按电压等级）

1.1.3 可靠性提升措施

1.1.3.1 全面提高防渗漏能力

（1）现状及需求。

渗漏油问题历来是变压器和高压电抗器等充油设备占比最高的缺陷类型，提高变压器设备整体密封效果，减少渗漏油缺陷的产生，可有效减少运维检修工作量，同时避免严重渗漏造成的保护装置报警。

减少渗漏油缺陷需要在产品制造阶段选用更优异的密封材料和密封工艺，同时在出厂和安装阶段严格执行密封试验。

案例 1：110kV 某变电站 1 号主变压器巡视过程中发现底部有大面积油迹，停电检查发现油箱大盖严重渗漏，同样的部位曾多次出现漏点，如图 1-4 所示。经确认，该密封垫由非正规厂家生产，采用劣质材料。检修人员随即对该设备大盖相关密封垫进行全面更换。

案例 2：套管接头处一般温度较高，110kV 某变电站 2 号主变压器 10kV 侧 B 相套管头部密封垫在长期高温下开裂渗油（见图 1-5），更换成耐高温密封垫后缺陷消除。

案例 3：110kV 某变电站所处地区冬季气候严寒，2 号主变压器顶部温包座采用的普通密封件在低温极寒天气下失去密封效果，大量溢油导致轻瓦斯报警，如图 1-6 所示。

图 1-4   密封件材质不良导致油箱严重渗漏

图 1-5   套管头部普通密封胶垫在
高温下开裂渗漏

图 1-6   严寒地区普通密封件失去密封效果

案例 4：220kV 某变电站 1 号主变压器在线滤油装置接口未使用耐油密封胶垫造成渗油（见图 1-7），更换成丁腈橡胶密封垫后渗漏消除。

图 1-7   油色谱在线监测装置渗油

案例5：220kV某变电站2号主变压器，密封法兰固定密封胶垫的开槽深度与密封垫厚度匹配存在问题，螺栓紧固后上下法兰没有间隙（即铁碰铁），弹性密封未起到作用造成变压器渗漏油现象不能根除，如图1-8所示。

案例6：变压器本体瓦斯取气装置的部分部件材质运行几年后老化损坏，造成渗漏油。220kV某变电站1号主变压器本体瓦斯取气盒管路，曾经出现过大量漏油（见图1-9），造成变压器非计划停电。检修工作人员现场无法修复，将其装置拆除，封堵管路后解决问题。

图1-8　密封法兰无限位结构导致胶垫无法压紧

图1-9　瓦斯取气盒管路线渗油

（2）具体措施。

1）密封胶垫应选用丁腈橡胶或丙烯酸酯等优质材料。

2）对变压器局部高温位置的密封面处应选用耐高温密封件。

3）对于低温（-35℃以下）环境地区应选用氟硅橡胶等耐低温密封件。

4）排油阀、油色谱在线监测装置接口等应采用不锈钢阀和耐油胶垫。

5）确保密封面平整、完好无损，槽垫匹配良好，密封垫安装入槽到位。

6）密封面使用压紧限位结构，紧固时采用规定紧固力矩，保证胶条受力在合理的范围内；法兰螺栓紧固时要保证两个法兰面无扭曲较劲现象，并对称、均匀紧固，直到密封垫压缩到位。

7）严格执行试漏工艺和密封试验。厂内进行变压器整体完整性装配，装配后开展密封性试验。出厂报告中要提供装配、试验相关图片等完整资料。

8）现场应在安装油色谱装置后进行变压器整体密封性试验，运维单位安排人员进行关键点见证。

9）加强运维管理，对变压器本体、套管、分接开关、冷却装置、压力释放阀、气体继电器等部位进行渗漏检查。结合大修对密封胶垫进行有序更换，防止胶垫老化导致渗漏。

1.1.3.2　优化各组部件位置和尺寸设计，提升运检工作效率

（1）现状及需求。

在运的变压器中，存在局部各组部件位置或尺寸不合理、引下管高度和表计朝向不方便运维检修等情况。改进局部小部件的位置和尺寸，能给运维检修工作带来极大便利。

需要针对新安装的变压器，提前考虑实际运行环境，在可研及设计阶段明确相关组部件的设计要求。

案例 1：110kV 某变电站 1、2 号主变压器本体铁心、夹件通过小套管引出接地的接地引线未引至适当位置，运维人员对主变压器铁心、夹件环流进行测试时，需爬至主变压器散热片下方的狭小空间，且接地引下线宽度上下一致，未预留测量点，导致测量困难，如图 1-10 所示。

案例 2：110kV 某变电站 2 号主变压器的铁心及夹件接地引下线位于主变压器本体与散热器之间，无法进行多点接地测试、局部放电检测等试验项目，如图 1-11 所示。

图 1-10　主变压器铁心和夹件引下线位置不合理（一）　　图 1-11　主变压器铁心和夹件引下线位置不合理（二）

案例 3：66kV 某变电站 2 号变压器油箱上盖铁心、夹件引出套管法兰处渗漏油。该变压器铁心、夹件套管与接地铜排直接未采用软连接（见图 1-12），由于气温变化引起的热胀冷缩效应，造成套管长期受力，破坏胶垫密封性导致渗油。由于渗油情况比较严重，被迫申请变压器停电进行处理。

案例 4：部分主变压器气体继电器设计在变压器高压套管处（见图 1-13），不利于观察和取气。如变压器内部出现故障而使油分解产生气体或造成油流涌动，不能及时收集气体进行化验分析，延误了处理时间。

图 1-12　铁心及夹件套管与铜排未采用软连接

图 1-13　气体继电器位置设计不合理

案例 5：运维人员巡视 110kV 某变电站发现站用变压器呼吸器硅胶已全部变色，因呼吸器布置位置较高，更换硅胶时，离带电部位较近，无法带电更换，如图 1-14 所示。

图 1-14　呼吸器引下前后

案例 6：220kV 某变电站 1 号变压器本体呼吸器安装在主变压器散热片和本体之间的空

间狭小，不利于运维检修工作开展，如图 1-15 所示。

案例 7：110kV 某变电站 2 号主变压器，由于注油管的补油阀门位置较高，并高于主变压器本体爬梯，距储油柜下壁仅 0.5m，检修人员无法对主变压器进行直接补油，需将 2 号主变压器停运后方能进行，降低了运维检修效率和供电可靠性，如图 1-16 所示。

图 1-15　呼吸器引下位置不合理　　　　　　　图 1-16　注油管位置设计不合理

案例 8：220kV 某变电站主变压器储油柜本体油位计安装位置距防火墙较近，日常巡视时无法观察油位情况，如图 1-17 所示。

案例 9：500kV 某变电站新上主变压器中性点套管油位计正对防火墙，且散热器挡住观察视线，不便于观察套管油位，如图 1-18 所示。

图 1-17　油位表安装位置距防火墙较近　　　　图 1-18　油位计安装位置距离
　　　　　　　　　　　　　　　　　　　　　　　　　　　防火墙较近

案例 10：500kV 某变电站 1 号主变压器低压侧升高座 TA 二次线浪管高挂低用，最低处无排水口，积水进入二次接线盒，导致二次回路绝缘下降，如图 1-19 所示。

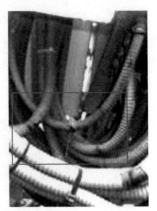

图 1-19　浪管高挂低用，导致积水受潮、元件锈蚀

（2）具体措施。

1）铁心、夹件通过小套管引出接地的变压器，应将接地引线引至变压器下部合适位置并可靠接地，以便在运行中监测或检测接地线中是否有环流。

2）铁心及夹件套管与接地铜排应采用软连接。

3）气体继电器应避开储油柜的正下方，防止雨水进入。

4）气体继电器集气盒应引下至距地面（包括基础）1.5m 位置，便于排气取气。

5）呼吸器应引下至合适高度，便于更换硅胶等日常运行维护及检修工作开展。

6）储油柜注排油管应引下至合适高度。

7）储油柜、套管油位计朝向应便于观察；根据实际安装情况，可采用引下式油位表。

8）二次电缆浪管不应有积水弯和高挂低用现象，如有应临时做好封堵并开排水孔。

9）各组部件应可靠接地。

1.1.3.3　提升抗短路能力

（1）现状及需求。

随着电网容量的日益增大，短路容量也随之增大，保证变压器的抗短路能力显得尤为重要。近年来，由于变压器的结构承受不了短路冲击而损坏的故障时有发生。提升变压器设备抗短路能力，能够有效降低设备突发短路故障时损坏风险；提升供电可靠性，可减轻后期运维检修工作量。虽然一次投入成本增加，但全寿命周期成本能够显著降低，全面符合供电更可靠、设备更安全、运检更高效、全寿命成本更低的目标。

减少短路冲击损坏事故要从产品设计制造阶段严格把关，从设计计算、材料选择和工艺控制等方面保证变压器本体抗短路冲击的能力，并采取突发短路试验抽检的手段进行考核。

案例 1：220kV 某变电站 2 号主变压器投运约 9h，轻、重瓦斯动作，压力释放阀动作，主变压器三侧断路器跳闸，A 相高压套管冒烟，升高座严重喷油，如图 1-20 所示。

案例 2：110kV 某变电站 1、2 号主变压器在新建时离低压断路器室较远，预留出增设限流电抗器位置，当系统短路容量增大，变压器抗短路能力不足时，可以具备加装限流电抗器的条件，如图 1-21 所示。

图 1-20　线圈解体情况　　　　　　图 1-21　预留加装限流电抗器位置

案例 3：110kV 某变电站中压侧经核算抗短路能力不足，为提高变压器抗短路能力在中压侧增设一组限流电抗器，加装后满足抗短路需求，如图 1-22 所示。

案例 4：500kV 某变电站 2 号主变压器 A 相本体重瓦斯保护动作，主变压器三侧断路器跳闸。解体发现，低压绕组上部靠近出头区域烧损严重，第 2 至第 17 绕组多处导线烧断，沿垫块边缘线匝间有多处击穿点，如图 1-23 所示。分析原因，A 相低压绕组网包换位导线质量不佳，原材料入厂质量把关不严。

图 1-22　限流电抗器　　　　　　　图 1-23　导线烧损严重

案例 5：某变电站主变压器投运后遭受短路冲击，设备返厂后发现 35kV B 相绕组接线头处烧损，绕组整体变形严重，绕组匝间绝缘损坏，C 相绕组扭曲严重，轴向变形严重，如图 1-24 所示。原因为该变压器设计上没有采用硬绝缘筒绕制线圈，没有采用半硬自黏性换位导线或半硬铜导线，没有采用预压紧工艺等增强抗短路冲击的措施，因此在受到短路冲击时绕组容易产生变形损伤。

图 1-24　绕组烧蚀及变形

案例 6：220kV 某变电站 35kV 出线 352 同时发装置报警、接地报警，主变压器保护三侧零序电压告警，主变压器重瓦斯动作三侧断路器跳闸。经检查，1 号主变压器存在先天性不足，低压绕组在正常故障电流下变形损坏，可以判断原绕组抗短路能力不足，是造成事故的直接原因，如图 1-25 所示。

案例 7：110kV 某变电站位于农用地附近，因农用地采用大量塑料薄膜，当遇大风天气时塑料薄膜可能会落到线路及设备上造成相间短路。巡视人员对变电站巡视过程中发现 110kV 进线悬挂一塑料薄膜，即刻通知调控中心停电进行清理，同时对周边异物进行了清除，消除了设备隐患，如图 1-26 所示。

图 1-25　原绕组抗短路能力不足　　　　图 1-26　清除线路上的塑料薄膜

案例 8：500kV 某变电站 3 号主变压器两套差动保护及小区差动保护动作，主变压器三侧断路器跳闸，故障未造成负荷损失。原因为主变压器低压侧套管至低压侧断路器之间未进行绝缘化改造，异物搭接发生 AC 相间短路，如图 1-27 所示。

图 1-27　低压母线未绝缘化导致异物搭接短路

案例 9：110kV 某新建变电站，变压器安装时，对低压母排进行了绝缘化工作，并对低压套管与母排软连接处及低压母排穿墙套管加装了绝缘护套，防止小动物及异物落入造成低压侧短路，如图 1-28 所示。

图 1-28　基建安装阶段实施母线绝缘化

案例 10：220kV 某变电站低压侧避雷器绝缘水平不足，小雨天气发生外绝缘闪络，导致变压器低压侧断路器跳闸。低压侧避雷器闪络如图 1-29 所示。

图 1-29　低压侧避雷器闪络

案例 11：110kV 某新建变电站，新安装干式空心电抗器采用品字形结构，防止小动物或较大的鸟类窜入造成相间短路。低压侧电抗器闪络如图 1-30 所示。

图 1-30　低压侧电抗器闪络

（2）具体措施。

1）应选择具有良好运行业绩和成熟制造经验制造厂的产品。制造厂应具备以下资质和能力。

a）240MVA 及以下容量变压器应通过短路承受能力的型式试验。

b）500（330）kV 及以上变压器和 240MVA 以上容量变压器，制造厂应提供同类产品短路承受能力试验报告或抗短路能力计算报告，计算报告应有相关理论和模型试验的技术支持。

2）建立统一的短路强度考核计算方法，明确要求短路电流核算应考虑运行过程中可能遇到的所有短路情况，按照各种条件下最严苛的状态考核，并在投标技术文件中注明每种情况对应的可承受最大短路电流。

3）对变压器的短路阻抗进行合理选择，避免阻抗太小导致面临较大系统短路电流的情况。当系统短路容量较大时，新建变电站宜选用高阻抗变压器。

4）新建站考虑远期运行方式时，可研阶段可预留加装限流电抗器的位置。

5）对于扩建变电站，除可考虑提高新变压器短路阻抗外，也可采取在中、低压侧加装限流电抗器的措施。

6）中压和低压绕组应使用半硬铜自黏性换位导线，如图 1-31 所示。

图 1-31　自黏性换位导线

7）绕组压装和干燥环节，确保绕组各部位压力分布均匀，轴向压力必须达到短路计算的最大轴向短路能力。

8）220kV 及以上电压等级的变压器须进行驻厂监造。

9）110（66）kV 电压等级的变压器应按照监造关键控制点的要求进行监造，有关监造关键控制点应在合同中予以明确。

10）特殊结构或 500kV 及以上电压等级的变压器，设备运维单位应在绕组套装、干燥后器身整理以及出厂试验等关键节点，派遣专业人员现场见证。

11）根据招标批次和制造厂供货情况，抽检变压器突发短路试验（器身干燥后、总装前进行抽取），每一集中批次随机抽取 2~3 台，如试验不通过则予以退货。

12）针对核算出的抗短路能力不足的在运变压器，通过绕组大修、加装限流电抗器等方法进行治理。

13）消除变电站周边环境隐患，包括清除变电站周边农用地膜，加固变电站周边建筑彩钢瓦等，防止大风等恶劣天气下造成相间短路故障。

14）站用 35kV 及以下低压母线应进行绝缘化改造，防止发生异物搭接引起的低压母线接地或相间短路故障。

15）新建变电站投运前应在变压器 35kV 及以下低压母线实施绝缘化。

16）10kV 的线路、变电站出口 2km 线路宜采用绝缘导线。

17）提高变压器低压侧 10kV 避雷器外绝缘水平，使其达到母线桥支柱绝缘子的外绝缘水平，如图 1-32 所示。

图 1-32　提高外绝缘水平的低压侧避雷器

18）低压侧无线路出线时，可考虑加装低压侧母线差动保护，减少变压器低压绕组承受短路冲击的时间。

19）加强开关柜、出线电缆、低压母线断路器的运维检修管理，制订差异化运维检修策略，提高运行可靠性，预防低压侧开关类设备故障引起的短路冲击。

20）新安装干式空心电抗器时，不应采用叠装结构。

21）对干式空心电抗器宜开展匝间绝缘检测工作，避免因干式电抗器故障引起的短路冲击，如图 1-33 所示。

图 1-33　干式空心电抗器匝间绝缘检测

22）变压器发生出口短路后，需取样进行油中溶解气体分析，结合在线监测结果，综合分析变压器状态。进行频响法绕组变形试验、低电压短路阻抗试验、直流电阻试验等诊断试验。变压器近区短路后，应收集短路电流数据并计算变压器绕组承受的短路电流，当超过变压器抗短路能力电流的 60%，应视为出口短路故障，尽快开展诊断试验。

1.1.3.4　优化有载分接开关调压策略，避免频繁动作导致故障损坏

（1）现状及需求。

电压调整需求明显的区域，AVC 控制下有载分接开关频繁动作，触头、连杆等部件容易损坏。优化电压调整策略，减少有载分接开关的调压次数，避免分接开关动作过于频繁，从根本上提升有载分接开关的运行可靠性，延长设备寿命。

案例 1：110kV 某变电站 2 号主变压器进行带负荷调压操作，调节 2 个挡位之后，调压瓦斯保护动作，2 号主变压器三侧断路器跳闸。对有载开关取油样进行色谱分析，初步判断为电弧放电故障类型。测量有载分接开关过渡波形有异常，进一步检查发现 B 相有一根过渡电阻烧断。B 相过渡电阻烧断处有明显的电弧烧熔痕迹，绝缘筒壁上有很多电弧放电烧损斑点，过渡电阻上多处有电弧放电烧损斑点，其中有些烧损斑点疑似为旧伤，如图 1-34 所示。B 相过渡电阻更换之后，再次测量有载分接开关过渡波形，没有任何问题。查询该变电站负荷日志和相关记录，近 2 年来，2 号主变压器经常在负荷超过额定容量的 85% 情况下进行调压操作。

案例 2：110kV 某变电站 2 号主变压器本体进行取样色谱试验，发现乙炔含量 1.266 μL/L、

总烃含量 374.527μL/L，含量超过注意值的要求。经诊断性试验，直流电阻测试发现高压侧 A 相 1~8 分接开关与 B、C 相不平衡率相差大于 2%，判断主变压器有载分接开关分接头、引线存在松动、脱焊可能，造成接触电阻值大，导体发热。吊罩检查发现 A 相断路器自身 K 接 "+" 连接线螺栓压接部位接触不良，存在过热痕迹，如图 1-35 所示。

图 1-34　调压频繁导致烧损

图 1-35　连接线螺栓压接部位
接触不良发热位置

（2）具体措施。

1）应合理安排电压调整策略，调整 AVC 控制策略，合理投切无功装置，避免有载分接开关动作过于频繁。

2）当开关动作次数或运行时间达到制造厂规定时，应进行检修，并对开关的切换程序与时间进行测试。有载分接开关检修后，应测量所有分接的直流电阻和变比，合格后方可投运。

3）有载分接开关检修时，应调至中间挡位拆装。检修结束后，应经连接校验和手动操作无误后，方可进行电动操作。吊芯检查时，应注意检查过渡电阻是否损伤，并对电阻进行测试。

1.1.3.5　优化有载分接开关的气体继电器选型

（1）现状及需求。

有载分接开关主要有油灭弧和真空灭弧两种型式。

1）油灭弧断路器动作时会产生气体，属于正常现象，如果配置轻瓦斯，正常产生的气体会经常触动轻瓦斯报警，增加运维工作量。因此不宜配置轻瓦斯，可用油流速动继电器代替。

2）真空灭弧断路器正常调压时不会产生气体，假如产生气体说明真空泡可能破裂，需要报警并进一步检修。因此宜配置轻瓦斯。

针对不同类型的有载分接开关，选择不同的轻瓦斯配置，不改变成本的情况下能够减轻运维工作量，并且有利于运维人员正确判断设备缺陷。

案例：110kV 某变电站真空灭弧断路器配备轻瓦斯报警功能，通过气体溢出报警成功发现真空泡破裂，避免了进一步的事故，如图 1-36 所示。

图 1-36　配置轻瓦斯的气体继电器

（2）具体措施。

1）油灭弧有载分接开关采用油流速动继电器（见图 1-37）时，重瓦斯保护应接入跳闸触点；如采用气体继电器（见图 1-38）时，应具有油流冲击动作功能，同时取消轻瓦斯回路。

图 1-37　油流速动继电器

图 1-38　气体继电器

2）真空灭弧有载分接开关应选用具有油流冲击动作、轻瓦斯报警功能的气体继电器，气体继电器应接入轻瓦斯告警及重瓦斯跳闸功能。

1.1.3.6　防止局部过热

（1）现状及需求。

漏磁导致螺钉发热和接触不良造成接头发热的问题较为普遍，通过提升安装工艺，保证接头位置接触良好，可以有效防止接触不良导致的过热。

需要针对漏磁和接触不良问题制订提升措施，改善局部过热问题。

案例 1：2015 年 8 月 3 日，用远红外成像仪检测发现某 750kV 变电站 1 号主变压器 C 相变压器高压套管侧箱沿局部过热（见图 1-39），1、2 号主变压器绕组温度异常偏高。根据现场情况分析，造成该变压器箱沿小区域个别螺栓温度过高与该部位漏磁感应外加上下箱沿紧固螺栓未能良好地连接有关。

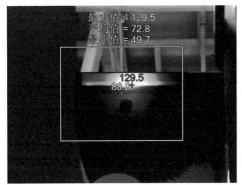

图 1-39　局部热点红外测温图

案例 2：220kV 某变电站高阻抗变压器负荷较高时，油箱上下结合面发热，连接上下箱盖的多个螺栓存在过热现象，如图 1-40 所示。

图 1-40　油箱螺栓红外测温图

案例3：220kV某变电站3号主变压器例行油色谱分析试验发现总烃增长趋势明显加大，疑似内部有超过700℃的高温过热故障，后返厂处理发现变压器磁屏蔽存在缺陷。磁屏蔽内侧与油箱没有绝缘层，接触不良产出局部间歇性放电，导致油色谱总烃和乙炔含量异常情况。油箱壁放电痕迹如图1-41所示。

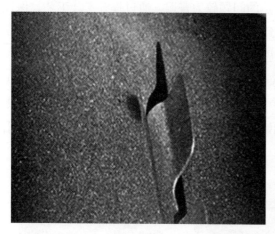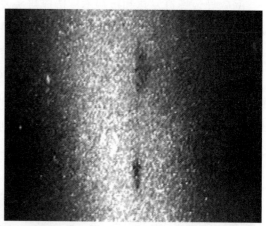

图1-41　油箱壁放电痕迹

案例4：35kV某变电站1号主变压器接线桩头没有加装线夹，接触面积少，载流量减少往往会出现负荷高峰时接线桩头发热，如图1-42所示。

图1-42　主变压器接线桩头接触面积不够

案例5：220kV某变电站2号主变压器将军帽与线缆接头通过螺纹连接，在接头表面形成氧化膜，产生了过渡电阻，最终导致接头温度过热，如图1-43所示。

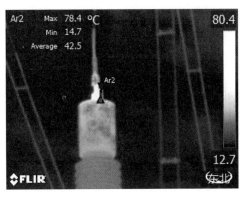

图 1-43 将军帽与线缆接头处氧化膜导致发热

（2）具体措施。

1）油箱上下箱沿应加装跨接铜排，防止漏磁导致的局部过热。

2）变压器油箱磁屏蔽与箱体间应加装绝缘层。

3）触头应接触良好，并有足够的接触面积，导电接触面应光洁平整无毛刺，固定连接接触面应涂抹适量电力复合脂，活动接触面应涂抹适量凡士林进行防氧化处理。

4）软导线与连接线夹连接前应清除表面氧化膜，并应用金属清洗剂清洗，接触面应涂以电力复合脂，室外易积水的线夹应设置排水孔。

5）对设备、导线线夹力矩紧固、接触电阻进行抽检，发现异常情况全面整改。

6）导电接触面螺栓紧固符合要求，应用合适的力矩紧固，丝扣的氧化膜应处理干净，螺母接触面平整。采取合理的防松动措施。

7）正常运行变电站的检测应遵循检修和例试前普查、高温高负荷等情况下的特殊巡测相结合的原则，最大负荷达到设备额定容量80%时应加强巡检。

1.1.3.7 优化冷却系统选型

（1）现状及需求。

冷却系统缺陷是变压器设备占比较高的一类缺陷，在迎峰度夏大负荷期间尤为突出。强油循环冷却方式由于油泵、阀门等组部件可靠性不高导致多发问题。

需要在整体选型和组部件选型方面制订提升措施，大幅提升风冷系统运行可靠性，减轻运维工作量。

案例1：220kV某变电站运行的强迫油循环风冷油浸式变压器，本体运行正常，但油流继电器运行两年后均发出异声，内部触点时常接触不良，使冷控箱内接触器频繁投退，影响设备正常运行。此外，由于油流继电器动板轴套严重磨损（见图1-44），金属粉末进入变压器油内，达到一定比例将危及变压器安全运行。

图 1-44 轴承严重磨损的油流继电器

图 1-45　半开半闭状态的阀门

案例 2：220kV 某变电站 1 号主变压器进行例行巡视时，发现两台冷却器油流继电器存在抖动现象。主要原因为阀门密封罩、蝶阀无法锁定，在油流冲击下，阀门处于半开半闭状态，导致油流继电器抖动，如图 1-45 所示。

案例 3：500kV 某变电站 3 号主变压器 A 相 4 号冷却器发油流继电器故障信号，随后发 4 号冷却器油泵故障信号。检查发现热耦继电器动作，无法复归。检查发现潜油泵轴承间隙过大，通电检查时，电动机运转不良、卡涩、有摩擦声音。将电动机解体检查，发现电动机定子和转子外圈表面有明显摩擦痕迹，如图 1-46 所示。

图 1-46　摩擦严重的潜油泵

案例 4：220kV 某变压器散热片运输到现场后发现多处砂眼，经现场协商后该批散热片全部退回，导致现场工期延误 25 天。同时核实散热器的有效散热面积与出厂试验时采用的散热器有效散热面积不符，如图 1-47 所示。

图 1-47　未经检测直接发货到现场的散热器质量不良

（2）具体措施。

1）500kV 及以下电网用变压器宜选用风冷、自冷方式。

2）强油循环冷却系统的两个独立电源的自动切换装置，应定期进行切换试验，有关信号装置应齐全可靠。发现问题，要及时安排检修。

3）冷却系统波纹管应选用经过柔性处理的波纹管；加强对冷却系统与油箱、本体气体继电器与储油柜间相连的波纹管检查。波纹管两端口同心偏差在最低温度下不大于 10mm。

4）应采用具备锁定措施的钢板蝶阀。

5）潜油泵的轴承应采取 E 级或 D 级，禁止使用无铭牌、无级别的轴承。对强油导向的变压器油泵应选用转速不大于 1500r/min 的低速油泵。

6）110kV 及以上油浸式变压器出厂试验期间使用的散热器，必须在变压器厂整体预装，开展密封性试验，并经试验合格后随变压器本体一起发往现场，不允许使用非实际运行的散热器临时代替。

7）主变压器风扇电动机等易损设备应尽量装在散热片底部等便于维修的位置，满足维修时不需要停电的要求。

1.1.3.8　防雨措施

（1）现状及需求。

设备故障案例中有多起防雨措施不足导致进水，甚至进一步引发设备跳闸。反事故措施中制订了相关的防雨措施，但仍存在执行力度不够、防雨罩设计及质量参差不齐、防雨效果不佳等问题。

需要针对不同组部件设计统一的、效果优良的防雨罩，并随变压器整体装配后出厂。

案例 1：220kV 某变电站 1 号主变压器有载开关重瓦斯动作，三侧断路器跳闸。经检查发现 A 相有载开关油流继电器接线盒内有积水，积水造成油流继电器出口端子短接，如图 1–48 所示。

图 1–48　积水导致端子短接

案例 2：220kV 某变电站 3 号主变压器本体油位计无防雨罩，容易进水导致直流接地，如图 1-49 所示。

图 1-49　主变压器本体油位计无防雨罩

案例 3：某变电站主变压器受安装位置限制，未采用统一设计的防雨罩，加装防雨罩后导致运行中维护、取气体时不便，达不到良好效果，如图 1-50 所示。

图 1-50　防雨罩设计不佳导致取气不方便

（2）具体措施。

1）变压器本体保护应加强防雨措施，户外布置的压力释放阀、气体继电器、油流速动继电器、温度计等装置应加装防雨罩。

2）设计统一的防雨罩规格和安装工艺。本体及二次电缆进线 50mm 应被遮蔽，45° 向下雨水不能直淋。

1.1.3.9　提升储油柜运行可靠性

（1）现状及需求。

储油柜选型不当会导致一系列油系统故障。此外，由于存在金属波纹管和胶囊质量不佳而导致破裂的问题。

需要明确容积、材质等选型要求，并且通过现场检查和密封性试验的手段进行考核，有效提升储油柜运行的可靠性，降低油系统故障率。

案例 1：500kV 某变电站新投运的 1 号站用变压器，投入运行第二天报出本体油位异常信号。储油柜解体检查时，放出的油量明显超过储油柜容积的 70%，证明油位计指示的是实际油位，报警原因是储油柜容积过小造成油位异常，如图 1-51 所示。

图 1-51　更换前（左，直径 500mm）与更换后（右，直径 700mm）的储油柜

案例 2：隔膜式储油柜由于受使用材料的材质和工艺水平限制，投入运行后，大多出现渗油情况。储油柜渗油不但影响变压器的外观质量，而且还会使变压器油密封状态转变为非密封状态，从而导致水分进入，造成局部油中含水量上升，导致绝缘水平下降而引起绝缘击穿、烧毁绕组事故，影响变压器的安全、稳定运行，如图 1-52 所示。

图 1-52　隔膜式储油柜渗油

案例 3：某换流站进行极 I 全压金属回线 4000MW 大负荷运行试验，试验过程中现场巡视发现极 I 高端 YD-B 相换流变压器本体呼吸器大量漏油。经检查发现胶囊破裂，空气通过呼吸器进入储油柜顶部，同时胶囊泄漏气体继电器进气报警，大负荷期间油温升高，储油柜

内部的绝缘油和空气持续膨胀，对胶囊进行挤压，导致之前漏在胶囊中的绝缘油顺着呼吸器管道从呼吸器流出，如图 1-53 所示。

图 1-53　胶囊破裂导致呼吸器漏油

案例 4：检查 330kV 某变电站 4 号主变压器本体储油柜油位计，打开储油柜一侧的波纹管法兰盖板，发现储油柜波纹管伸缩卡涩，造成波纹管靠动作伸缩一侧的波纹局部变形，不能正确延展和收缩动作，如图 1-54 所示。另发现油位计牵引钢丝绳断裂，油位计指针无法联动。现场无法修复，必须对主变压器储油柜进行整体更换。

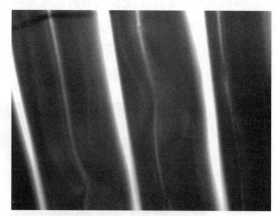

图 1-54　波纹管变形卡涩

（2）具体措施。

1）变压器储油柜容积不应低于本体油量的 10%。出厂资料里须提供变压器储油柜外形图和储油柜油重。

2）110（66）kV 及以上电压等级变压器应采用全密封结构的储油柜，禁止使用单密封隔膜结构储油柜。

3）储油柜中胶囊宜选用丁腈橡胶或更为优异的材质；阀门应为不锈钢、铸钢或铸铜材质，并带有开关指示；油位计宜选用双浮球油位计；应考虑储油柜内胶囊挂点位置、数量和受力要求，根据校核结果，对储油柜结构进行优化改进。

4）对于带胶囊整体运输的储油柜，运输过程中应加装三维冲撞记录仪，限制冲击加速度的幅值小于 0.3g。对于胶囊和储油柜分别运输的情况，应对胶囊进行现场开箱验货，确保胶囊完好。

5）胶囊在安装后未安装油位计前，应在现场进行密封试验，试验压力为 0.01MPa，保压时间不少于 2h。如发现有泄漏现象，需对胶囊进行更换。

6）变压器所有一端固定的管路、波纹管在另一端安装时应先进行水平高度一致性测量，同时明确波纹管限位螺栓的安装方式，确保波纹管可以正常伸缩。

7）加强设备巡视工作，应用红外测温等技术加强对储油柜油位的检测，加强实际油位与油位计、温度的比对，防止出现假油位等现象。

8）对金属波纹储油柜，如发现波纹管焊缝渗漏，应及时更换处理。

9）结合变压器大修，对储油柜的金属波纹管（外油式）滚轮进行检查，若存在磨损或卡涩，应及时处理。

1.1.3.10　提升气体继电器的运维检修效率

（1）现状及需求。

目前部分变压器的气体继电器不具备动作掉牌功能和开闭位置指示，不利于运维人员查看动作状态。

气体继电器配置掉牌功能和开闭位置指示，较小的设计改进可以显著提升运维工作的便利性，避免判断失误造成更严重的故障。

（2）具体措施。

1）变压器本体和有载气体继电器应配置重瓦斯动作掉牌功能，如图 1-55 所示。

图 1-55　带有掉牌功能的气体继电器

2）继电器两侧阀门应根据实际需要处在关闭和开启位置，指示开闭位置的标志应清晰正确，如图 1-56 所示。

3）无人值班的 220kV 及以上变电站，变压器本体宜采用双浮球并带挡板结构的气体继电器，在发生变压器失油故障时及时跳闸。

1.1.3.11　防止铁心多点接地

（1）现状及需求。

由于制造工艺和安装工艺不良，存在铁心多点接地问题。

图 1-56　带有开闭指示的阀门

需要在制造和安装阶段提升工艺水平，同时加强绝缘电阻测量。避免铁心多点接地，防止短路或环流造成的局部过热，预防铁心进一步烧损或绕组匝间故障。

案例 1：110kV 某变电站 1 号主变压器进行铁心及夹件接地电流检测时，发现该主变压器铁心及夹件的接地电流值分别达到 741mA 和 743mA，超出了《输变电设备状态检修试验规程》规定，初步判定主变压器存在铁心多点接地缺陷。现场吊罩发现铁心上铁轭夹件高压侧 B 相处 1 颗用于连接上下夹件的连接板螺栓因螺杆长度过长，刺穿了铁心与夹件之间的绝缘纸板导致铁心多点接地，如图 1-57 所示。

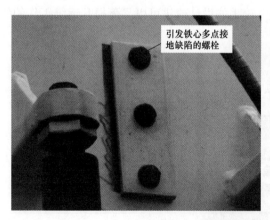
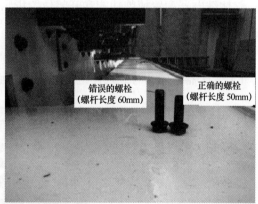

图 1-57　螺栓过长导致主变压器铁心多点接地

（2）具体措施。

1）在器身总装过程中应进行接地检查，如磁屏蔽接地、铁心接地、铁心极间绝缘、夹件接地等，并进行相应的绝缘电阻测量。防止单点接地不良造成电气悬浮，或出现多点接地情况。

2）变压器交接验收应进行铁心和夹件绝缘电阻测量，绝缘电阻与出厂值相比不应存在较大变化，一般不低于 1000MΩ。

3）如运行中铁心（夹件）接地电流超过 300mA，短期内又无法消除缺陷的，应在接地引下线中串入限流电阻作为临时措施，将接地电流限制在 100mA（1000kV 变压器限制在 300mA）以下。串入限流电阻后，应缩短接地电流检测周期、调整限流电阻的大小，并加强油色谱跟踪分析工作。

4）变压器停电检修时，应进行铁心和夹件绝缘电阻测量，绝缘电阻与历史值比较不应存在较大变化，运行的变压器一般不低于 $100M\Omega$。

5）变压器大修时，应清理油箱底部的油泥、铁锈等杂质，并用合格的绝缘油进行全面清洗。

1.1.3.12 优化呼吸器选型

（1）现状及需求。

目前使用的传统呼吸器，不方便观察变色情况，同时需要大量人员参与每年数次的硅胶更换与清洗油杯的工作。若长期不准时更换硅胶，易使其过度受潮而粉碎结块，堵塞下端的呼吸过滤口；若长期不清洗油杯，易产生过多油泥沉淀，减弱呼吸效果。

需要选择易观察、高可靠性的呼吸器，减小一线运维人员的劳动强度，提高运维效率。

案例：图 1–58 中，图（a）、图（b）所示两类呼吸器下部无隔离滤网。图（c）滤孔少且小，容易被变色硅胶及其碎片堵塞，造成设备呼吸不畅。图（d）所示呼吸器油封杯中油位不可见，不能确保外界空气是否经变压器油过滤后进入呼吸器。图（e）所示呼吸器有铝制护套，穿心螺杆压紧时护套容易压迫密封垫，造成密封不严、密封垫寿命缩短等情况。

（a）滤孔小，无隔离滤网

（b）滤孔少，无隔离滤网

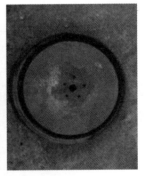
（c）滤孔图片

（d）油封杯中油位不可见

（e）密封垫易压坏

图 1–58　各类存在问题的呼吸器

（2）具体措施。

1）呼吸器观察窗应方便观察硅胶整体变色情况，外壳强度满足运维检修要求。

2）不应选用通气孔小、通气量不够、油封杯油位不可见的呼吸器。

1.1.3.13 提升消防装置运行可靠性

（1）现状及需求。

近年来发生多起变压器起火喷油事故。变压器本体排油注氮灭火装置具有占地面积小、投资成本低、灭火效率高等优点，但其误动作概率高，误动作后损失较大，实际运维过程中绝大多数并未投入使用，需要进一步提高装置运行可靠性。

排油注氮方式与水喷淋方式的对比如表 1-2 所示。

表 1-2　　　　　　　　　　水喷淋方式与排油注氮方式对比

灭火方式 特点	水喷淋	排油注氮
灭火时间	2~10 min	约 5s
灭火剂价格	较低	最低
基础设计建设	整套管路及相应设备	只需消防柜的水泥地基
初始投资成本	较高	水喷淋系统的 1/3 左右
误动作概率及后果	不高	有一定概率，误动作后跳闸、放油、氮气进入油箱，事后需要重新滤油甚至返厂

案例：220kV 某变电站 1 号主变压器于 2015 年 4 月出现短路跳闸事故，经事故调查发现，该台主变压器储油柜上感温线脱落，由于跳闸当天是大风大雨天气，将储油柜上脱落的感温线吹至高压 110kV 套管近处，放电导致主变压器跳闸，如图 1-59 所示。

图 1-59　储油柜上布置感温线存在脱落隐患

（2）具体措施。

1）排油注氮消防装置的控制系统增加金属屏蔽外壳，增加抗电磁干扰能力。

2）排油注氮保护装置应满足：

排油注氮启动（触发）功率应大于 220V×5A（DC）；

注油阀动作线圈功率应大于 220V×6A（DC）；

注氮阀与排油阀间应设有机械连锁阀门；

动作逻辑关系应满足本体重瓦斯保护、主变压器断路器跳闸、油箱超压开关同时动作时才能启动排油充氮保护。

3）感温线应在本体油箱 1/3 与 2/3 高度处分两层布置，感温线固定支架应出厂前焊接在本体油箱上。变压器储油柜上不应布置感温线。

4）排油注氮消防装置的变压器应安装断流阀。

1.1.4　智能化提升关键技术

通过对运检单位、制造厂家、科研机构调研，共提出智能化关键技术 10 项。

1.1.4.1　智能型免维护呼吸器

（1）现状及需求。

目前使用的传统呼吸器，不方便对其呼吸情况进行观察，存在人为判断误差。同时需要大量人员参与每年数次的硅胶更换与清洗油杯的工作。

需要在可视化和免维护两方面进行提升，将呼吸器的呼吸情况就地数字显示并传送到后台，并根据吸湿情况启动自动加热功能，提升运维工作效率。

（2）技术路线。

1）加装热式气体质量流量计和显示表计，将呼吸情况就地数字显示，运维人员可以直观、定量地监测变压器呼吸状况；可以进一步将呼吸器数字信号采集上传，经后台软件运算，得到某一段时期内变压器呼出或吸入的气体的总量，如图 1-60 所示。

图 1-60　呼吸器数字化显示

2）气体通过干燥剂进行呼吸，可以清除空气中的杂物和潮气，保持变压器油的绝缘强度；结合呼吸情况和吸潮情况，适时启动自动加热功能，除去干燥剂中的水分，达到免维护的目的，自动加热功能的免维护呼吸器如图1-61所示。

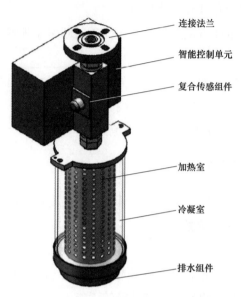

连接法兰
智能控制单元
复合传感组件

加热室

冷凝室

排水组件

图1-61 自动加热功能的免维护呼吸器

将数字显示、信号传输和免维护功能结合起来，目前已具备制造技术，在变电站挂网运行超过一年，运行情况良好。难点在于数字及控制模块在现场环境中的运行可靠性需要进一步提升，真正实现免维护功能。

1.1.4.2 轻瓦斯集气盒特征气体探测器

（1）现状及需求。

目前对于轻瓦斯集气盒的特征气体进行检测主要有可燃法和气相色谱法。其中可燃法可就地检测，但精度较低，现场实施有危险性；气相色谱法需要取气后到实验室进行检测，周期较长，影响了下一步运维工作的开展。

针对轻瓦斯集气盒的特征气体检测方法，需要在精确度和便捷性两方面进行提升，研制便携式、就地式的特征气体探测装置。

（2）技术路线。

便携式乙炔、甲烷、氢气等特征气体探测器，可以就地对轻瓦斯集气盒内的集气进行检测和记录，同时传感器针对某一特定类型的气体进行检测，精度较高，便携式特征气体探测器如图1-62所示。

图1-62 便携式特征气体探测器

便携式特征气体探测器与传统的气体检测方法对比如表 1–3 所示。

表 1–3 便携式特征气体探测器与传统的气体检测方法对比

特点 \ 检测方法	可燃性检测方法	气相色谱法	便携式探测仪
检测效率	就地检测，效率高	取气后实验室检测，周期长，无法及时应对突发故障	就地检测，效率高
现场可操作性	点燃气体，不易操作，有危险性	现场取气，易操作	通过传感器探测，易操作
精确度	仅依靠可燃性，精确度较低	较高	有针对性，精确度较高

便携式特征气体探测器如果设计得当，将全方位优于可燃法和气相色谱法。虽然定量检测的精确度不及在实验室进行气相色谱分析，但对于轻瓦斯集气盒的检测来说精确度满足实际工作要求。

1.1.4.3 智能化气体继电器

（1）现状及需求。

目前对气体继电器运行状态、集气量、油位、油速等特征量缺乏在线监测手段，需要运维人员现场进行判断。

考虑研制智能化气体继电器，将各状态量就地数字化并集成后传输至后台。

（2）技术路线。

气体继电器在线监测手段，可以对运行状态的各特征量进行实时监控，形成全新的监测状态量和分析判别方法，发现异常提前预警。

1.1.4.4 全光纤变压器

（1）现状及需求。

传统的光纤测温变压器，将固定数量（1~4 根）的光纤埋设在线圈内部，仅可以监测埋设点的温度，无法实现分布式测温，数据实用性和可参考性不强。

需要全光纤测温变压器，实现绕组温度和振动的分布式监测。

（2）技术路线。

1）变压器线圈绕制阶段，将光纤随导线一同绕制，可以实现绕组温度和振动的分布式测量。

2）数据经光纤传输至后台，形成温度和振动分布曲线，可以判断变压器运行状态。

3）光纤出线数量少，对变压器内部电磁场分布和绝缘设计不会造成影响。

主要技术难度是光纤机械强度不足，绕制在线圈内部，损坏后不易诊断和维修。

1.1.4.5　组部件标准化

（1）现状及需求。

变压器设备的套管、表计等组部件生产厂家和规格型号众多，并未有统一的设计标准，变压器厂家往往依据采购的组部件尺寸进行接口配套设计。造成的问题是增加了备品备件的数量，变压器发生故障时，如果缺少相应规格的备品备件会延误检修和更换等工作开展时间。

对于变压器厂家，组部件标准化能够缩短采购周期，降低采购成本，从而降低变压器整体成本；对于运检部门，可减少备品备件的库存，同时在设备突发故障时及时进行更换，大大提高运维检修效率。

需要针对各组部件制订统一的设计规范。

（2）技术路线。

1）针对套管，统一为几种特定型式，对套管安装法兰和尾部瓷套进行标准化。即同型号、同电压等级的套管，各厂家安装法兰和尾部瓷套（包括法兰外径、安装孔中心径、安装孔直径及个数、油中总长度、TA 安装位长度、油中部分直径等）一致。套管上端部接线端子严格按照国家电网有限公司招标规范要求执行，套管尾部接线端子依据各电流等级编制统一的要求。

2）针对二次端子箱，优化端子的排布方式，线缆接头采用航空插头等方法进行预制，二次设备智能组件间宜采用预制光缆接口。

3）针对片散、风机、储油柜等部件，进一步开展调研，研究统一标准化设计的可行性。

1.1.4.6　油色谱在线监测装置选型

（1）现状及需求。

变压器的油色谱在线监测是一种故障预判和诊断的关键手段，目前三种主流的油色谱在线监测技术包括气相色谱柱原理、光声光谱原理、傅里叶红外光谱原理，其各有优缺点：

1）气相色谱柱产品具有数据稳定、准确性高、价格低、维护少等优点，主要不足是需要定期更换载气，通过优化设计可以提升载气使用次数。

2）光声光谱产品具有数据稳定、不需要载气、高浓度数据准确性高等优点，缺点是低浓度数据准确性差、造价较高。

3）傅里叶红外光谱产品具有数据稳定、不需要载气等优点，缺点是配套装置复杂、技术仍不成熟、造价较高。

目前并不存在各方面优势突出的唯一技术手段，需要对不同原理的在线监测装置的精确度和可靠性开展调研，制订选型依据和提升措施。

（2）技术路线。

对不同原理的在线监测装置的精确度和可靠性开展调研，制订选型依据和提升措施。

联合设备制造厂技术人员，针对气相色谱柱产品运维工作量大、光声光谱产品和傅里叶红外光谱产品技术不成熟且成本较高等问题，围绕高精度、免维护、性价比更高等目标开展研究。

1.1.4.7　声电联合局部放电在线监测

（1）现状及需求。

变压器的局部放电在线监测装置，早期试运行产品效果不佳，监测数据不具有可参考性，且增加了运维工作量，目前不作为典型设计的必选项。

需要进一步研制高精确度、高可靠性的局部放电在线监测方案，采用高频电流和超声波结合的方式，对变压器进行局部放电在线监测。

（2）技术路线。

1）单一监测方式存在检测盲区，易出现误报、漏报等问题，采用综合高频电流传感器（见图 1-63）和超声波传感器（见图 1-64）进行监测，不但能灵敏地检测到各种类型的放电故障，并能够在出现放电故障时进行对照分析、相互验证，从而提高整套检测装置的准确性和可靠性。

2）无须停电对传感器和监测柜体进行安装和拆卸，布线方便迅捷。

3）实时监测局部放电（同时可选配油气、振动、温度）等数据和历史数据，结合变压器的特性参数，综合评估被监护变压器的健康指数、绝缘性能。

4）能够实时跟踪多个放电点故障，并监测放电故障点位移、强度变化，分析故障点类型变化。

5）通用数据接口，兼容多数厂家监测装置。

6）提供多种报警方式，如手机短信报警、声光报警等。

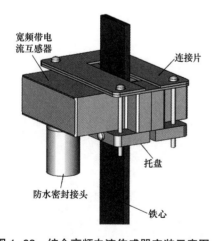

图 1-63　综合高频电流传感器安装示意图

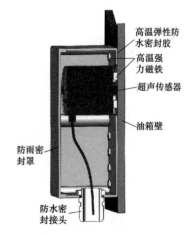

图 1-64　超声传感器安装示意图

声电联合检测方法需要数字模块和通信模块进行集成，曾出现通信中断、误发信号等问题，技术难点是监测装置的精确度和可靠性进一步提升。

1.1.4.8　变压器套管与无源电子式电流互感器集成技术

（1）现状及需求。

变压器中性点套管主要与常规电磁式电流互感器集成，常规电磁式电流互感器绝缘结构复杂，有二次侧开路危险，易产生铁磁谐振、存在磁饱和、检修不方便等问题。

变压器中性点套管与无源电子式电流互感器集成技术可以解决上述问题，无源电子式互感器可为二次设备提供可靠的数据源，满足保护测控装置需求，提高设备可靠性，运行维护工作便捷。

（2）技术路线。

变压器与无源电子式电流互感器集成技术，采用磁光效应代替传统互感器的电学原理，实现高压电流非介入式测量，低压侧电气单元安装在二次小室或变压器就地智能控制柜，高压一次侧仅有敏感光路部分，完全实现了光电隔离，提高一次设备智能化水平，如图 1-65 和图 1-66 所示。

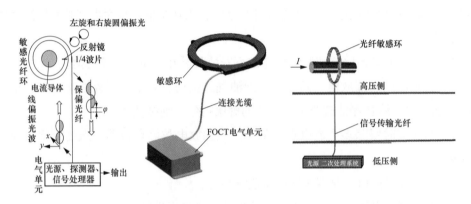

图 1-65　全光纤电流互感器工作原理

图 1-66　无源电子式电流互感器在变压器中性点套管升高座上集成方式

无源电子式互感器应用在变压器套管上，优势包括：

1）安全可靠。高压与低压侧通过传感光纤连接，绝缘结构大大简化，可有效解决传统电磁式互感器爆炸、谐振、二次开路等危险。

2）测量准确。无源电子式电流互感器准确级保护用级别为 5TPE，测量级别为 0.2；直接数字信号输出，无二次压降的精度损失。

3）易于集成和安装。安装方式灵活，节省金属材料，节约占地。

选用高双折射保圆光纤作为传感光纤能有效改善无源型电子式电流互感器产品的环境适应性，通过提升工艺减小振动、温度对光纤的影响，通过光路设计减少外磁场干扰对准确度的影响。

该技术难点在于机械结构设计方面，需要变压器生产厂家和无源电子式互感器厂家联合一体化设计，综合考虑优化机械结构；此外需要解决运行管理规范化问题。

1.1.4.9　智能变压器的监测状态量就地数字化和集成化

（1）现状及需求。

变压器的在线监测状态量及其监测手段和监测装置等数量较多，国内厂家具备传感器和智能组件的制造技术，但就地数字化程度不够，各状态量的集成化分析手段不足。

需要将状态参量输出就地数字化，集成后通过光缆实现对后方的通信，同时实现自动诊断、运行控制、故障监测、非电量保护等功能。

基本功能包括：①通过传感器及智能组件，实现对油浸式电力变压器的状态监测；②通过对监测数据的评估，形成结果信息，基于站内通信网络报送至监控主机及调度（调控）中心，以利于电网的安全运行；③通过对监测信息的处理，形成格式化信息，基于站内通信网络报送到综合应用服务器及生产管理信息系统，以利于状态检修等；④实现受控组（部）件的智能化控制。

智能化变压器结构示意图如图 1-67 所示。

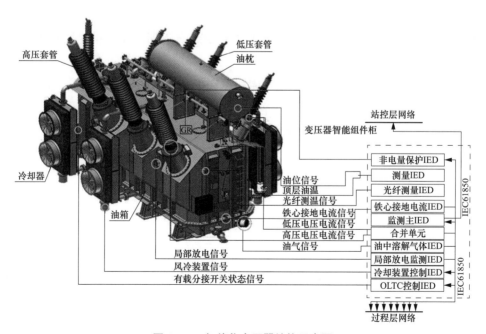

图 1-67　智能化变压器结构示意图

（2）技术路线。

1）状态信息就地数字化、集成化。

2）传感器安装纳入电力变压器本体或其组部件的设计，智能组件及其各 IED 信息流一体化设计。

3）光纤传输信号，状态信息共享。

4）状态监测、运行控制、故障保护等功能一体化、控制智能化。

难点在于提升整个智能化系统的精确度和可靠性，即实用性。

1.1.4.10　变压器大数据分析及故障预警系统

（1）现状及需求。

大型电力变压器的健康状态评估、专家诊断及故障预警，在理论和实践方面的发展仍处于起步阶段，涉及多学科、多维度的长期研究。

需要建立变压器异常状态数据库，判别变压器健康状态，实现变压器状态的动态分析和故障预警。

（2）技术路线。

动态分析和故障预警建立在大数据和数理模型的基础上，数据库具有丰富的运行状态和不良工况案例，能够通过对变压器各类事件影响因素的搜集和规则库建设，实现变压器动态预警、案例诊断和抗短路能力实时预测，大幅提升主设备的本质安全与分析管控能力。变压器大数据分析及故障预警系统建立主要包括以下几点：

1）样本搜集与规则库建设，建立动态预警规则库、主变压器故障案例诊断规则库、抗短路能力实时预测规则库。

2）数理模型搭建，在规则库建立的基础上，通过对数据分布区间、影响因素的分析，逐步开展数理模型搭建。

3）软件开发与数据诊断，在前期规则库建设和数理模型的研究成果上，开展变压器大数据分析软件开发，并作为管控系统的一个特色应用模块。

研究仍处于起步发展阶段，需要攻关的技术难点较多。

1.2　干式变压器

1.2.1　简介

干式变压器的铁心和绕组不浸渍在绝缘油中，冷却方式采用自然空气冷却或强迫空气冷却，运行维护简单，近年来得到迅速发展，在变电站中主要应用于站用变压器。干式变压器结构示意图如图 1-68 所示。

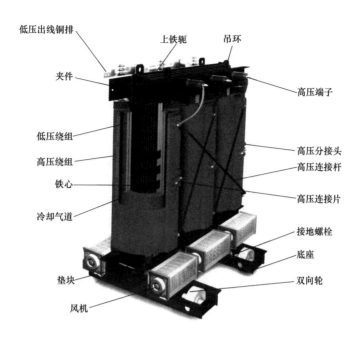

图 1-68　干式变压器结构示意图

　　干式变压器可以分为两大类：一类是包封式，绕组被固体绝缘包裹，不与气体接触，绕组产生的热量通过固体绝缘导热；另一类是敞开式，绕组直接与气体接触散热。在制造和运维阶段参照 GB/T 1094.11—2007《电力变压器　第 11 部分：干式变压器》、GB/T 10228—2015《干式电力变压器技术参数和要求》、GB/T 17211—1998《干式电力变压器负载导则》等相关标准规定。

1.2.2　主要问题分析

1.2.2.1　按类型分析

　　对电力行业干式变压器问题统计分析，共提出 7 类主要问题，如表 1-4 所示。

表 1-4　　　　　　　　　　　　干式变压器主要问题类型

问题类型	占比（%）
受潮造成绝缘降低	14.3
铁心过热	14.3
巡视检修预留空间不足	14.3
匝间短路	14.3
外壳闪络	14.3
制造工艺不良	14.3
接地变压器兼作站用变压器	14.3

1.2.2.2　按电压等级分析

主要问题按电压等级统计，10kV 设备占 57.14%；35kV 设备占 42.86%，各电压等级问题占比如图 1-69 所示。

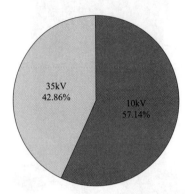

图 1-69　各电压等级问题占比

1.2.3　可靠性提升措施

1.2.3.1　防止绝缘受潮

（1）现状及需求。

干式变压器的绕组由环氧树脂浇筑而成，直接与空气接触，外部没有箱体防护，如果环境湿度过大或有雨水进入容易造成绝缘受潮，受潮会导致绝缘降低，加速老化。

需要制订措施限定干式变压器运行的环境湿度，提高干式变压器运行可靠性，延长设备寿命。

案例：220kV 某变电站 1 号站用变压器，由于干式变压器器柜无除潮设备，柜内湿度过大，导致绝缘击穿，变压器烧毁，如图 1-70 所示。

图 1-70　湿度过大导致放电和烧毁

（2）具体措施。

1）干式变压器周围空气的相对湿度应低于 93%，绕组表面不应出现水滴。

2）设备所处环境应有一定的通风能力，可加设除潮装置，改善干式变压器工作环境。

3）对于长期高湿度环境地区，不宜选择干式变压器。

1.2.3.2　限制绕组和组部件温升

（1）现状及需求。

干式变压器依靠空气介质进行散热，运行温度过高会加速绝缘老化，长期超过极限温度运行将会极大缩短设备寿命。

需要依照温升限制数值进行设计和制造，并采用试验手段考核温升情况。

案例 1：某 35kV 变电站 1 号主变压器，在红外测温中发现铁心最高温度超过 140℃（环境温度为 27℃），如图 1-71 所示。虽然 140℃的温度不会对铁心本身造成伤害但会加剧绕组和绝缘系统温度超过标准限值，产生安全隐患，加速绕组绝缘老化损坏。干式变压器运行中铁心温度正常值在 100℃左右，一般不超过 120℃。因此，有必要对该铁心过热隐患进行分析和处理。

案例 2：某 110kV 变电站的干式变压器由于感温探头安装位置不正确，致使风机无法启动，造成干式变压器温度持续升高，超过最高温度限制，长时间运行导致变压器高压绕组烧损，如图 1-72 所示。

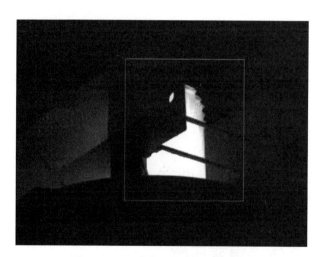

图 1-71　干式变压器红外测温图像

图 1-72　冷却系统无法启动导致
干式变压器绕组烧损

（2）具体措施。

1）干式变压器各绕组温升不应超过表 1-5 所示的限值。

表 1-5　　　　　　　　　　　　变压器各绕组温升限值

绝缘系统温度（℃）	额定电流下的绕组平均温升限值（K）
105（A）	60
120（E）	75

续表

绝缘系统温度（℃）	额定电流下的绕组平均温升限值（K）
130（B）	80
155（F）	100
180（H）	125
200	135
220	150

2）设备出厂阶段应采用模拟负载法或相互负载法开展温升试验，温升数值不应超过表1-5 限值。

3）变压器室应有足够的通风能力，通风冷却系统应足以使周围的空气温度低于规定的最高温度限值。

1.2.4 智能化提升关键技术

通过对运检单位、制造厂家、科研机构调研，共提出智能化关键技术 1 项。

（1）现状及需求。

干式变压器的绝缘和组部件暴露在空气中，环境的温度和湿度是影响干式变压器运行的主要因素。目前对于温度和湿度的监测装置并非标准配置，需要在实时监测和智能控制两方面进行提升，研制温湿度智能控制系统。

（2）技术路线。

1）温度和湿度传感器的测量信号就地数字化，通过光纤传输至控制室。

2）后台软件根据变压器负载情况和温湿度数据，超过规定值时启动散热或除潮装置。

1.3 SF₆ 气体绝缘变压器

1.3.1 简介

随着城市建设的发展，人口越发密集，高层建筑和地下通道建筑越来越多。传统的油浸式变压器内部装油量大，一旦发生起火事故，后果十分严重。

SF$_6$ 气体绝缘变压器使用不可燃的 SF$_6$ 作为气体绝缘介质，采用全密封结构，箱内充 0.12~0.45MPa 的 SF$_6$ 气体，出厂时保证年漏气率在 1% 以下，SF$_6$ 气体绝缘变压器如图 1-73 所示。

图 1-73　SF$_6$气体绝缘变压器

SF$_6$气体绝缘变压器技术来自日本的制造企业，具有不燃、不爆、占地面积小、安装高度低、运行噪声低、日常维护量小等优点。近些年应用在部分城市的关键地段，例如核心商圈的地下变电站等。同时由于造价较高，价格一般为油浸式变压器的 2 倍以上，目前并未大范围推广应用。

1.3.2　主要问题分析

1.3.2.1　按类型分析

对电力行业 SF$_6$气体绝缘变压器问题统计分析，共提出主要问题 3 项：

1）高压电缆舱漏气缺陷。

2）缺乏完善的检修试验导则。

3）气体温度表不能快速反映内部温度。

1.3.2.2　按电压等级分析

主要问题按电压等级统计，110kV 设备数量占 66.7%，66kV 设备数量占 33.3%。

1.3.3　可靠性提升措施

1.3.3.1　预防及快速处理漏气缺陷

（1）现状及需求。

SF$_6$气体绝缘变压器的箱体充 0.12~0.45MPa 的正压气体，存在漏气隐患，需要在出厂和安装阶段严格执行密封试验，并配置相应的泄漏报警装置。

（2）具体措施。

1）出厂阶段，整机装配后应检测泄漏率。检测持续 24h，测得年泄漏率不应超过 0.5%。图 1-74 所示为扣罩法密封试验检测泄漏率。

图 1-74　扣罩法密封试验检测泄漏率

2）安装阶段，应在现场进行真空泄漏试验。抽真空至绝对压力 26.6Pa 以下，放置 30min，压力上升值不应超过 13.3Pa。

3）安装阶段，应在现场进行正压泄漏试验：充气至最高使用气压；焊缝处采用高灵敏度检测仪检测；法兰部位使用局部累积测试法，放置 6h 以上，每 24h 泄漏量不应大于 15μL/L。

4）变压器本体和高压电缆箱内应分别安装监测内部气体压力的气体密度控制器。当气体密度降低至规定值时，给出报警信号；当气体密度进一步降低至最低保证气体压力时，给出跳闸信号。

1.3.3.2　编制完善的检修试验导则

（1）现状及需求。

SF_6 气体绝缘变压器的运维检修依照 DL/T 573—2010《电力变压器检修导则》执行，但该标准中并无 SF_6 气体绝缘变压器的针对性条款，如对气泵、气体温度计等组部件的要求。

检修试验导则能够为 SF_6 气体绝缘变压器的运维检修工作提供依据和技术指导，提升运行可靠性。

（2）具体措施。

编制 SF_6 气体绝缘变压器的检修试验导则。

1.3.4　智能化提升关键技术

通过电力行业内广泛调研，共提出智能化提升关键技术 2 项。

1.3.4.1　绕组全光纤测温

（1）现状及需求。

SF_6 气体绝缘变压器内部温度测量通过箱壁上安装气体温度计、绕组上安装绕组温度计两种手段。两种手段仅能够监测装设点的温度并且以模拟信号输出，同时由于 SF_6 气体的传热速度慢，无法实现准确、分布式的温度监测。

需要研制全光纤测温的 SF_6 气体绝缘变压器，提升温度监测的范围和精确度。

（2）技术路线。

1）变压器绕组绕制阶段，将光纤随导线一同绕制，可以实现绕组温度和振动的分布式测量。

2）数据经光纤传输至后台，形成温度和振动分布曲线，可以判断变压器运行状态。

3）光纤出线数量少，对变压器内部电磁场分布和绝缘设计不会造成影响。

1.3.4.2 气体密度、微水、组分一体化在线监测装置

（1）现状及需求。

SF_6 气体绝缘变压器装有气体密度计，用以监测气体压力；微水在线监测装置根据用户要求进行配置，一般装用量不多；没有配备气体组分在线监测装置。

研制气体密度、微水、组分一体化在线监测装置，能够对 SF_6 气体绝缘变压器的运行状态进行综合、全面的监测，及时发现设备的潜伏性缺陷，一体化在线监测装置如图 1-75所示。

（2）技术路线。

1）集成化设计，对三种状态参量同时进行在线监测。

2）采用循环回路，整个取气送回过程在封闭管道内进行，检测完毕后由加压泵单向阀门送回变压器内部，无排放、无污染、不需要频繁补气。

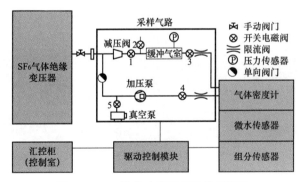

图 1-75 一体化在线监测装置示意图

技术难点：①需要解决在线监测精确度不高、与离线检测存在偏差的问题；② SF_6 气体绝缘变压器内部放电和分解气体原理与 GIS 不相同，需要进一步进行研究。

1.4 油浸式高压电抗器

1.4.1 简介

高压电抗器是接到系统中的相与地之间、相与中性点之间或相间，用以补偿远距离输电

线路电容电流的绕线式静止电器。高压电抗器能维持无功平衡，提高功率因数而改善供电质量，限制电压升高而保护其他电气设备，减少线路损耗，是高压远距离输变电系统中的重要设备。

大型高压并联电抗器多采用浸入油箱的间隙铁心式结构，带有磁屏蔽。由于铁磁材料的磁化曲线是非线性的，为了满足电抗线性的要求，电抗器的铁心通常采用多铁心饼、多间隙的结构，其磁阻主要取决于气隙的尺寸。由于气隙是线性的，所以电抗器的电感值仅取决于绕组自身匝数以及绕组和铁心气隙的尺寸。

绕组上、下端部设置磁屏蔽，以改善端部磁场分布，防止磁通进入夹件。在间隙铁心式电抗器铁心柱的外接圆之内采用由高强度钢螺杆束组成的拉紧装置，保证铁心柱的恒定压力。在铁心柱的外表面和旁柱上放置电屏蔽板，以改善地电极形状。电屏蔽板、铁轭和夹件均应接地。

油浸式高压电抗器的绕组、器身绝缘、引线、外壳、保护组件等结构与油浸式电力变压器基本相同，如图 1-76 所示。

图 1-76　油浸式高压电抗器

1.4.2　主要问题分析

1.4.2.1　按类型分析

对电力行业油浸式高压电抗器问题统计分析，共提出 18 类主要问题，如表 1-6 所示，主要问题占比（按问题类型）如图 1-77 所示。

表 1-6　　　　　　　　　　油浸式高压电抗器主要问题类型

问题分类	占比（%）
渗漏油	13.3
运维检修不方便	13.3

问题分类	占比（%）
油色谱异常	8.9
表计、阀门等部件选型不当	8.9
安装工艺不良	6.7
冷却系统缺陷	6.7
设计不合理	6.7
储油柜胶囊破裂及卡涩	6.7
呼吸器不便巡视	4.4
漏磁	4.4
在线监测装置配置不到位	4.4
发热	2.3
防雨措施不足	2.2
气体继电器无开闭指示	2.2
线夹开裂	2.2
新油质量问题	2.2
锈蚀	2.3
噪声振动大	2.2

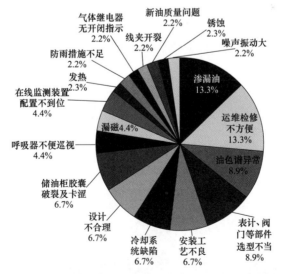

图 1-77　油浸式高压电抗器主要问题占比（按问题类型）

1.4.2.2　按电压等级分析

主要问题按电压等级统计分析，110kV 设备占 11%；220kV 设备占 27%；500kV 设备占

31%；750kV 设备占 15%；1000kV 设备占 9%；覆盖全电压等级设备占 7%，主要问题占比（按电压等级）如图 1-78 所示。

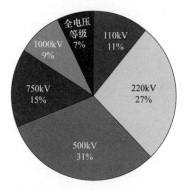

图 1-78　油浸式高压电抗器主要问题占比（按电压等级）

1.4.3　可靠性提升措施

1.4.3.1　全面提高防渗漏能力

（1）现状及需求。

渗漏油问题历来是变压器和高压电抗器等充油设备占比最高的缺陷类型，提高变压器设备整体密封效果，减少渗漏油缺陷的产生，可有效减少运维检修工作量，同时避免严重渗漏造成的保护装置报警。

减少渗漏油缺陷需要在产品制造阶段选用更优异的密封材料和密封工艺，同时在出厂和安装阶段严格执行密封试验。

案例 1：110kV 某变电站高压套管采油堵使用尼龙密封胶垫，老化后渗漏油，导致套管油位偏低，更换成丁腈橡胶密封垫后缺陷消除，如图 1-79 所示。

图 1-79　110kV 套管采油堵采用尼龙胶垫导致渗油

案例 2：运行人员在巡视中发现哈敦一线 B 相高压电抗器事故放油阀弯管处出现严重漏油，20min 内接漏油一桶（10kg）。漏油原因是放油阀的阀芯损坏，如图 1-80 所示。

案例 3：220kV 某变电站高压电抗器在线监测装置接口，未使用耐油密封胶垫造成渗油，更换成丁腈橡胶密封垫后渗漏消除，如图 1-81 所示。

图 1-80　放油阀损坏造成
严重渗漏油

图 1-81　在线监测装置接口渗漏油

案例 4：220kV 某变电站高压电抗器散热器胶垫安装时未能正确入槽，导致长期运行后密封垫断裂，造成大面积渗油，选用适合尺寸的胶垫正确入槽后，缺陷消除，如图 1-82 所示。

案例 5：750kV 某变电站高压电抗器法兰紧固时受力不均匀导致渗漏，如图 1-83 所示。

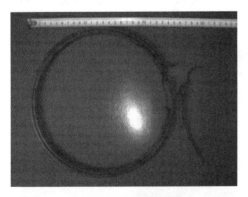

图 1-82　密封垫未正确入槽导致挤压破裂

图 1-83　密封垫未正确入槽导致挤压破裂

案例 6：500kV 某变电站巡视发现某高压电抗器 B 相大量绝缘油从本体呼吸器中漏出（见图 1-84），检查发现 B 相高压电抗器胶囊破裂（见图 1-85）。原因是搬迁、重新组装过程中操作不规范，导致胶囊发生破裂，储油柜内的绝缘油从破裂处涌入胶囊内。

图 1-84　绝缘油从呼吸器漏出

图 1-85　储油柜胶囊破裂

（2）具体措施。

1）密封胶垫应选用丁腈橡胶或丙烯酸酯等优质材料。

2）设备局部高温位置的密封面处应选用耐高温密封件。

3）低温（-35℃以下）环境地区应选用氟硅橡胶等耐低温的密封件。

4）放油阀、油色谱在线监测装置接口等应采用铜质球阀和耐油胶垫。

5）确保密封面平整、完好无损，槽垫匹配良好，密封垫安装入槽到位。

6）密封面使用压紧限位结构，紧固时采用规定紧固力矩，保证胶条受力在合理的范围内；法兰螺栓紧固时要保证两个法兰面无扭曲较劲现象，并对称、均匀紧固，直到密封垫压缩到位。

7）储油柜中胶囊宜选用丁腈橡胶或更为优异的材质；对于胶囊和储油柜分别运输的情况，应对胶囊进行现场开箱验货，确保胶囊完好。

8）严格执行试漏工艺（见图 1-86）和密封试验。厂内进行设备整体完整性装配，装配后开展密封性试验，出厂报告中提供装配、试验相关图片等完整资料。

图 1-86　现场试漏工艺

9）现场在安装油色谱装置后应进行整体密封性试验，运维单位安排人员进行关键点见证。

10）加强运维管理，对设备各部位进行渗漏检查，结合大修对密封胶垫进行有序更换，防止胶垫老化导致渗漏。

1.4.3.2　优化组部件位置和尺寸设计

（1）现状及需求。

在运的高压电抗器设备中，存在局部组部件位置或尺寸不合理、引下管高度和表计朝向不方便运维检修等情况。改进局部小部件的位置和尺寸，能给运维检修工作带来极大便利。

需要针对新安装的变压器，提前考虑实际运行环境，在可研及设计阶段明确相关组部件的设计要求。

案例 1：500kV 某变电站高压并联电抗器存在继电器集气盒位置过高的问题，排气、取气操作不方便且具有安全隐患。增容改造中将高压电抗器引下至合适位置，如图 1-87 所示。

案例 2：500kV 某变电站高压并联电抗器储油柜位于散热器上方，注排油管没有下引，难以开展运维检修工作，如图 1-88 所示。

图 1-87　集气盒下引

图 1-88　注排油管位置不合理

案例 3：500kV 某变电站 5023 高压电抗器更换本体气体继电器过程中，将气体继电器两侧阀门关闭，更换完成后，工作人员将阀门打开。由于阀门没有开闭指示，验收时，工作人员误以为阀门没有打开，于是错误地将阀门旋至关闭位置。高压电抗器送电一段时间后，压力释放阀动作。

（2）具体措施。

1）继电器集气盒应引下至距地面（包括基础）1.5m 位置，便于排气、取气。

2）呼吸器应引下至合适高度，便于更换硅胶等日常运行维护及检修工作。

3）储油柜注排油管应引下至合适高度。

4）储油柜、套管油位计朝向应便于观察；根据实际安装情况，可采用引下式油位表。

5）气体继电器应配置重瓦斯动作掉牌功能。

6）继电器两侧阀门指示开闭位置的标志应清晰正确。

1.4.3.3 加强油色谱在线监测

（1）现状及需求。

高压电抗器设备近年发生多起油色谱异常问题。部分高压电抗器未安装在线色谱装置，或者未接入生产管理系统（PMS）和站端监控系统。

需要加大油色谱在线监测装置的配置力度，并切实发挥在线监测系统的作用，及时发现高压电抗器内部存在的潜伏性事故隐患，避免发生重大设备事故。

案例：500kV 某变电站 5 号主变压器 A 相油色谱检测发现乙炔呈持续增长趋势，判断存在内部缺陷。变比测量、直阻测量、绕组介质损耗和电容量测试、低压空载试验、低压短路阻抗测试等电气试验项目，数据均未见异常。开展变压器内检工作，发现高低压侧上节油箱从高压至低压一两块磁屏蔽接地线螺栓松动。更换、紧固了松动的螺栓及屏蔽帽后，交接试验数据恢复正常，主变压器投运后运行正常，如图 1-89 所示。

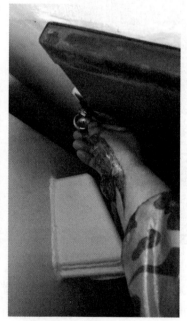

图 1-89 磁屏蔽接地线螺栓松动导致放电

（2）具体措施。

1）500kV 及以上电压等级、重要及老旧的 330kV 和 220kV 高压电抗器设备应加装油色谱在线监测装置。

2）油色谱在线监测装置应接入 PMS 和站端监控系统，根据不同的异常情况采取相应的计划，开展带电检测工作。

3）建立在线、移动和离线相结合、属地和专业化检测相结合的油色谱检测机制，快速准确地开展检测工作。

1.4.3.4　防止漏磁

（1）现状及需求。

高压电抗器设备漏磁情况较多，漏磁通在螺栓或局部形成涡流，导致发热、螺栓强度降低、密封圈寿命缩短等一系列问题，影响高压电抗器安全运行。

需要针对漏磁问题制订提升措施。

案例 1：某变电站高压并联电抗器油箱上、下结合面发热，连接上、下箱盖的多个螺栓存在过热现象。

案例 2：1000kV 某变电站高压电抗器 A 相乙炔含量达 4.4 μL/L 并保持缓慢增长趋势，高频和超声局部放电手段未发现明显异常。对该台高压电抗器进行放油内检，发现 A 柱上部磁分路紧固螺栓屏蔽帽折断、掉落至 A 柱下部磁分路的绝缘纸板上，并触碰相邻的绝缘端圈。在绝缘端圈有两处明显的烧蚀痕迹，在磁分路绝缘纸板上也有一处碳化痕迹。用磁铁检测该屏蔽帽，为磁性材料，如图 1–90 所示。

图 1–90　A 柱上部磁分路断裂屏蔽帽

（2）具体措施。

1）油箱上、下箱沿应加装跨接铜排，防止漏磁导致的局部过热。

2）高压电抗器设备应设计屏蔽装置，防止漏磁引起的箱壁过热。

3）加强屏蔽帽的固定工艺，降低其异常折断风险，避免折断后出现局部过热情况。

4）加强油箱的红外测温工作，及时发现漏磁导致的局部过热。

1.4.3.5 散热器出厂前整体预装并开展试验

（1）现状及需求。

部分 220kV 及以上高压电抗器散热器未经整体预装和检测，直接由散热器厂家发货到现场，高压电抗器在出厂试验期间，用非实际使用的散热器代替，温升试验时没有考核到散热器的散热能力，密封性试验时没有考核到散热器的密封性。

需要散热器在出厂前整体预装并开展试验，有效提升散热器质量的管控水平，预防冷却系统缺陷，减轻后期运维成本和工作量。

案例：220kV 某电抗器散热片运输到现场后发现多处砂眼，经现场协商后该批散热片全部退回，导致现场工期延误 25 天。同时核实散热器的有效散热面积与出厂试验时采用的散热器有效散热面积不符。

（2）具体措施。

1）110kV 及以上油浸式高压电抗器的散热器必须在电抗器厂整体预装后，开展温升试验（型式试验）和密封性试验，不允许使用非实际运行的散热器临时代替。

2）散热器经试验合格后随电抗器本体一起发往现场。

1.4.3.6 防雨措施

（1）现状及需求。

设备故障案例中有多起是由于防雨措施不足导致进水，甚至进一步引发设备跳闸。反事故措施中制订了相关的防雨措施，但仍存在执行力度不够、防雨罩设计及质量参差不齐、防雨效果不佳等问题。

需要针对不同组部件设计统一的、效果优良的防雨罩，并随电抗器整体装配后出厂。

案例：500kV 某变电站 608 高压电抗器例行检修，发现多个火焰探头无防雨措施，导致探头进水，绝缘降低而故障发信息，如图 1-91 所示。

图 1-91　火焰探头进水导致触点受潮

（2）具体措施。

1）高压电抗器本体保护应加强防雨措施，户外布置的压力释放阀、气体继电器、油位计、火焰探测器、套管 TA 二次接线盒等装置应加装防雨罩。

2）设计统一的防雨罩规格和安装工艺。

1.4.4　智能化提升关键技术

通过对运检单位、制造厂家、科研机构调研，共提出智能化关键技术 3 项。

1.4.4.1　智能型免维护呼吸器

参照油浸式变压器相关章节。

1.4.4.2　轻瓦斯集气盒特征气体探测器

参照油浸式变压器相关章节。

1.4.4.3　组部件标准化

参照油浸式变压器相关章节。

1.5　SF_6 气体绝缘变压器和油浸式变压器对比及选型建议

1.5.1　对比范围

对 SF_6 气体绝缘变压器和油浸式变压器进行对比。

1.5.2　优缺点比较

选用 50MVA/110kV 双绕组变压器作为对比的对象。

1.5.2.1　性能对比

SF_6 气体绝缘变压器和油浸式变压器性能对比如表 1-7 所示。

表 1-7　　　　　　　　SF_6 气体绝缘变压器和油浸式变压器性能对比

性能	SF_6 气体绝缘变压器	油浸式变压器
绝缘水平	满足 GB 1094.3—2017《电力变压器　第 3 部分：绝缘水平、绝缘试验和外绝缘空气间隙》规定	满足 GB 1094.3—2017《电力变压器　第 3 部分：绝缘水平、绝缘试验和外绝缘空气间隙》规定
空载损耗（kW）	34.3	34.3
负载损耗（kW）	184	184
噪声水平（dB）	60	60
绝缘等级	E	A
顶层温升（K）	65	55

续表

性能		SF₆ 气体绝缘变压器	油浸式变压器
线圈平均温升（K）		75	65
绝缘介质		SF₆ 气体	矿物油
匝间绝缘		PET 薄膜	绝缘纸
主要结构		芯式 / 线圈同心	芯式 / 线圈同心
外壳		铁制密封气箱	铁制密封油箱
主变压器保护设备	储油柜及胶囊	不需要	需要
	呼吸器	不需要	需要
	压力释放阀	不需要	需要
	气体继电器	不需要	需要
	温度计	气体 / 线圈温度计	油 / 线圈温度计
	压力突变	冲击气压继电器	突发压力继电器
		气体密度计	油位计

1.5.2.2 安全性对比

SF₆ 气体绝缘变压器和油浸式变压器安全性对比如表 1-8 所示。

表 1-8　　　　　　SF₆ 气体绝缘变压器和油浸式变压器安全性对比

安全性＼设备	SF₆ 气体绝缘变压器	油浸式变压器
燃烧性	SF₆ 为惰性气体，不可燃	绝缘油为可燃物
爆炸性	SF₆ 为惰性气体，不爆炸	燃烧后有爆炸可能
消防设施	不需要	需要
油池及储油设施	不需要	需要
防火间距	可以紧邻其他建筑物	需满足 GB 50016—2018《建筑设计防火规范》规定

1.5.2.3 可靠性对比

SF₆ 气体绝缘变压器和油浸式变压器可靠性对比如表 1-9 所示。

表 1-9　　　　　　SF₆ 气体绝缘变压器和油浸式变压器可靠性对比

可靠性＼设备	SF₆ 气体绝缘变压器	油浸式变压器
故障概率	运行数据较少，从目前看与油浸式变压器相当	—

1.5.2.4 便利性对比

SF_6 气体绝缘变压器和油浸式变压器便利性对比如表 1-10 所示。

表 1-10　　　　　　　　SF_6 气体绝缘变压器和油浸式变压器便利性对比

便利性＼设备	SF_6 气体绝缘变压器	油浸式变压器
安装便利性	组部件少，不需要储油柜、呼吸器、压力释放阀等部件，比油浸式变压器安装更为便利	—
运检便利性	需要对气体泄漏和温度进行监测，其他组部件维护量小	—

1.5.2.5 一次性建设成本

SF_6 气体绝缘变压器和油浸式变压器一次性建设成本对比如表 1-11 所示。

表 1-11　　　　　　SF_6 气体绝缘变压器和油浸式变压器一次性建设成本对比

建设成本＼设备	SF_6 气体绝缘变压器	油浸式变压器
采购成本	约 900 万元 / 台，为油浸式的 4.3 倍左右	约 210 万元 / 台
占地面积	约为油浸式的 62%，且主变压器可与 GIS 同一房间布置	—
安装高度	约为油浸式的 82%（不需要油枕）	—
安装调试成本	组部件少，安装调试成本比油浸式变压器更低	—

1.5.2.6 后期成本

SF_6 气体绝缘变压器和油浸式变压器后期成本对比如表 1-12 所示。

表 1-12　　　　　　　　SF_6 气体绝缘变压器和油浸式变压器后期成本对比

后期成本＼设备	SF_6 气体绝缘变压器	油浸式变压器
运维成本	组部件较少，无储油柜、呼吸器、压力释放阀等部件，运维成本比油浸式变压器低	—
检修成本	停电检修需排气、更换密封件等，整体与油浸式相当	—

1.5.2.7 环境友好性

SF_6 气体绝缘变压器和油浸式变压器环境友好性对比如表 1–13 所示。

表 1–13 　　　　　　　　SF_6 气体绝缘变压器和油浸式变压器环境友好性对比

环保性能 ＼ 设备	SF_6 气体绝缘变压器	油浸式变压器
环境友好性	温室气体，相关标准文件已经开始限制其使用和排放	矿物油不能完全降解，但环境友好性强于 SF_6

1.5.3　优缺点总结及选型建议

1.5.3.1　SF_6 气体绝缘变压器

优点：不燃不爆、占地面积小、安装便利、日常维护量小。

缺点：成本偏高、对环境危害性大、散热性能不好。

选型建议：适合在人口密集区域、城市核心地段或空间有限的区域应用，同时需要配套温度监测系统和 SF_6 回收系统。

1.5.3.2　油浸变压器

优点：电气性能和散热性能良好、性价比更高。

缺点：有燃烧爆炸风险、运维工作量大。

选型建议：油浸式变压器运维经验成熟，性价比高，在绝大多数地区仍然是主导产品。

1.6　植物油变压器与矿物油变压器对比及选型建议

1.6.1　对比范围

针对变压器用绝缘油，首先对比传统矿物油和三种植物油（天然酯、合成酯、天然酯合成）的各项性能，其次对比传统矿物油变压器和植物油变压器的设备整体可靠性、一次建设成本和后期运维成本。

1.6.2　绝缘油简述

1.6.2.1　传统矿物绝缘油

1）矿物绝缘油来源于石油的分馏产物。

2）主要成分是烷烃、环烷族饱和烃、芳香族不饱和烃等化合物。

3）具有较好的绝缘性、散热性和灭弧性能，常年作为油浸式变压器的绝缘介质，运行情况稳定。

1.6.2.2　天然酯绝缘油

1）天然酯绝缘油来源于天然的油料作物，从油料作物中提炼出酯类物质。

2）市面上流通的天然酯绝缘油主要是三酯结构为主。

3）天然酯绝缘油的产品标准采用 IEC 62770 或 IEEE C57.147。

4）天然酯绝缘油的产品主要有 Cooper 公司生产的 FR3 油、卓源电力生产的 RAPO 油、ABB 公司生产的 BIOTEMP 油。

1.6.2.3　合成酯绝缘油

1）合成酯是从化学物质中提取出来的。

2）通常是多羟基化合物的合成或天然羧基酸的产物，化学链中羧基酸通常都是饱和的，化学机构稳定。

3）合成酯绝缘油的产品标准采用 IEC 61099。

4）合成酯绝缘油的产品主要有 M&I 材料有限公司生产的 MIDEL 7131。

1.6.2.4　天然酯合成绝缘油

1）天然酯合成绝缘油是用化学物质来分解（酯交换）天然酯后的化学物质。

2）天然酯合成绝缘油目前没有相关的标准。

3）天然酯合成绝缘油的产品主要有日本狮王公司生产的植物系脂肪酸脂 PFAE。

1.6.3　优缺点比较

选用 110kV 的变压器作为对比的对象。

1.6.3.1　性能对比

植物油与矿物油性能对比如表 1–14 所示。

表 1–14　　　　　　　　　　　　　　植物油与矿物油性能对比

性能 ＼ 绝缘油	天然酯绝缘油	合成酯绝缘油	天然酯合成绝缘油	矿物油
基本成分	植物提取天然酯	季戊四醇 / 四酯	植物提取 + 化学反应	烃类的复杂混合物
闪点（℃）	320~330	275	186	152
燃点（℃）	350~360	320	—	170
防火等级	K	K	O	O
生物降解率（％）	98（28 天）	89（28 天）	77（28 天）	23（28 天）
运动黏度 40℃/100℃（mm²/s）	32/8	29/5.25	5.06/—	9.2/2.3
2.5mm 击穿电压（kV）	>73	>75	>81	>70

续表

性能 \ 绝缘油	天然酯绝缘油	合成酯绝缘油	天然酯合成绝缘油	矿物油
相对介电常数	3.2	3.2	2.95	2.2
15℃ 时密度（g/cm³）	0.92	0.97	0.86	0.88
酸值（mgKOH/g）	0.013~0.042	0.03	0.01	<0.01
23℃ 时水饱和度	1100	2600	—	55
热膨胀率（1/℃）	0.00073	0.0007	0.00101	0.00075

植物油变压器与矿物油变压器性能对比如表 1-15 所示。

表 1-15　　　　　　　　　植物油变压器与矿物油变压器性能对比

性能 \ 设备	植物油电力变压器	常规矿物油电力变压器
空载损耗	与常规矿物油变压器相同（按国家电网有限公司物资采购标准执行）	—
负载损耗	相同	—
温升	相同	—
抗短路能力	相同	—
过负荷能力	高于常规矿物油变压器约 10%	—

1.6.3.2　安全性对比

植物油变压器与矿物油变压器安全性对比如表 1-16 所示。

表 1-16　　　　　　　　　植物油变压器与矿物油变压器安全性对比

性能 \ 设备	植物油电力变压器	常规矿物油电力变压器
燃点	180~330℃，其中天然酯大于 300℃	170℃
防火	不易燃。无需水喷淋或排油注氮	易燃。需加灭火装置
防爆	油气转化系数低，油箱爆裂可能性小	极端情况下，内部故障可致油箱爆裂
环境保护	完全生物降解。对土壤和水无污染	不能完全生物降解，污染土壤和水

1.6.3.3 可靠性对比

植物油变压器与矿物油变压器可靠性对比如表 1–17 所示。

表 1–17 植物油变压器与矿物油变压器可靠性对比

可靠性 \ 设备	植物油电力变压器	常规矿物油电力变压器
故障概率	相同	—
停电范围	相同	—
问题及主要缺陷	绝缘纸寿命可提高 5~8 倍	绝缘老化

1.6.3.4 一次性建设成本

植物油变压器与矿物油变压器一次性建设成本对比如表 1–18 所示。

表 1–18 植物油变压器与矿物油变压器一次性建设成本对比

建设成本 \ 设备	植物油电力变压器	常规矿物油电力变压器
采购成本	约为矿物油变压器的 2 倍	—
占地成本	约为矿物油变压器的 1.1 倍	—
安装成本	相同	—
调试成本	相同	—

1.6.3.5 后期成本

植物油变压器与矿物油变压器后期成本对比如表 1–19 所示。

表 1–19 植物油变压器与矿物油变压器后期成本对比

后期成本 \ 设备	植物油电力变压器	常规矿物油电力变压器
运行成本	相同	—
维护工作量及成本	相同	—
检修工作量及成本	相同	—
更换工作量及成本	原设备退出运行后，可更换为常规矿物油，也可更换为天然酯油	—
改造工作量及成本	如不涉及更换新油，改造成本与矿物油变压器相同	—

1.6.4 优缺点总结及选型建议

1.6.4.1 植物油变压器

优点：防火防爆（燃点高）、环境友好（生物降解度高）、过负荷能力强、抗绝缘老化能力强。

缺点：成本较高，缺乏国内挂网运行数据和相关标准，散热性能不好。

选型建议：植物油变压器中，天然酯绝缘油燃点最高、生物降解度最好，在国外有较丰富的运行经验，建议在 220kV 及以下的变电站试点选用。

1.6.4.2 传统矿物油变压器

优点：具有优良的电气性能和冷却性能、制造工艺稳定成熟、供货能力强。

缺点：有燃烧爆炸风险，生物降解度低。

选型建议：传统矿物油变压器运维经验丰富，在绝大多数地区仍然是主导产品。

第2章　并联电容器智能化提升关键技术

2.1　框架式并联电容器

2.1.1　简介

并联电容器用于补偿电力系统感性负荷的无功功率,减少无功功率在系统中的流动。通过就地平衡,提高系统安全性、经济性和电压质量。并联电容器可分为框架式并联电容器、集合式并联电容器、紧凑型集合式并联电容器。其中,框架式并联电容器应用较广泛。

框架式并联电容器成套装置主要由电容器、隔离开关、串联电抗器、避雷器、放电线圈等设备组成,结构示意图和外观图如图 2-1~ 图 2-3 所示。

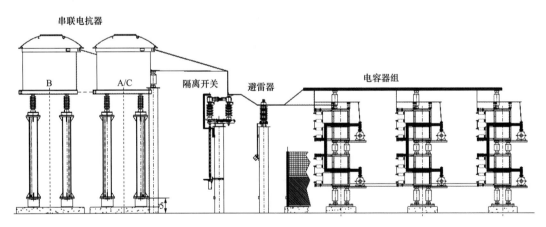

图 2-1　框架式并联电容器成套装置结构示意图

框架式并联电容器成套装置按运行环境分为户内式(见图 2-4)、户外式(见图 2-5)。其一次接线采用单星形、双星形和三星形,其保护方式有开口三角保护、相电压差动保护、桥差不平衡电流保护、中性点不平衡电流保护等。

图 2-2　户外 66kV 框架式并联电容器成套装置

图 2-3　户外 35kV 框架式并联电容器成套装置

图 2-4　户内 10kV 框架式并联电容器成套装置

图 2-5　户外 10kV 框架式并联电容器成套装置

2.1.2　主要问题分析

2.1.2.1　按类型分析

通过电力行业并联电容器问题统计分析，针对框架并联电容器成套装置（不含串联电抗器），共提出主要问题 7 大类，16 小类，如表 2-1 所示。

表 2-1　　　　　　　　　　　　框架式并联电容器主要问题类型

问题分类	占比（%）	问题细分	占比（%）
运维检修不便	27.3	安装设计问题	23.4
		设备结构问题	3.9
发热	27.3	铜铝过渡片装反	13.0
		导体连接松动	11.7
		导体连接处接触面过小	2.6
配套设备缺陷	20.7	隔离开关发热	7.8
		绝缘子断裂	6.5
		干式放电线圈开裂	5.1
		铜铝过渡线夹断裂	1.3
渗漏油	11.7	放电线圈漏油	5.2
		本体漏油	3.9
		套管漏油	2.6
通风不良	5.2	电容器室通风设计问题	2.6
		通风设备故障	2.6
鸟及小动物误入	5.2	鸟及小动物入侵引起短路	5.2
专用保护问题	2.6	放电线圈问题	2.6

2.1.2.2 按电压等级分析

主要问题按电压等级统计，66kV 设备占 6.82%；35kV 设备占 20.45%，10kV 设备占 72.73%，主要问题占比（按电压等级）如图 2-6 所示。

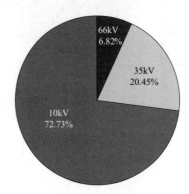

图 2-6 框架式并联电容器主要问题占比（按电压等级）

2.1.3 可靠性提升措施

2.1.3.1 提升运检工作便利性

（1）现状及需求。

部分框架式并联电容器成套装置因设计、安装、结构不合理，造成运检工作不便。主要问题有：① 受场地面积限制，运检通道狭小；② 部分表计如油位计、放电计数器等位置未朝向通道，不便抄录数值；③ 部分采用柜式安装，日常巡检、红外测温时，需通过较厚的玻璃观察窗观察，不易查看、测温不准确。

需在设计、安装阶段，考虑运维检修工作实际需要，留足运检通道、表计朝向运检通道，不采用柜式安装、按典型设计执行，可明显提高后期运检工作的便利性。

案例：110kV 某变电站，室内 3 号电容器组设有网栏，单支电容器总长 1000mm，其与网栏最小距离为 500mm，如图 2-7 所示。对电容器进行故障处理或消缺不便。方法主要有两种：①拆除其右侧相邻的 2~3 支电容器，取出故障或有缺陷电容器；②切割网栏，检修后再焊接。无论采用哪种方法，均增加运维检修工作量、费时耗力，且容易造成其余正常电容器损坏（渗漏油、破损）。

（2）具体措施。

1）基建设计时，应预留并联电容器组检修通道。电容器组与围栏之间应留够不小于 1m 的检修通道。室内布置，电容器组与墙之间应留够不小于 1.2m 的维护通道。

2）设备厂家设计时，考虑使各类表计朝向维

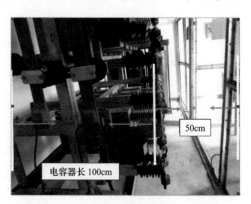

图 2-7 并联电容器离网门过近

护通道。

2.1.3.2　提高安装质量

（1）现状及需求。

部分框架式并联电容器现场安装工艺及安装质量较差：铜铝过渡片装反、导体连接部位紧固扭矩不够、导体连接处接触面过小，以及老旧电容器未采用新型哈夫线夹等，造成电容器在运行中接头发热。

需提高安装工艺、采用先进安装工器具，提高安装质量，同时加强验收管理，避免连接处发热。

案例 1：220kV 某变电站，10kV 2-1 号电容器组引流线与中性点铝排连接处发热、温度过高，导致熔化、断裂，如图 2-8~ 图 2-10 所示。

图 2-8　哈夫线夹压紧力不够发热烧损

铜绞线没有完全放入哈夫夹的槽内，会导致铜绞线没有压紧，引起局部发热。

图 2-9　铜绞线安装实例

改善后

铜绞线在连接有转弯，但不易控制转弯半径，如果弯曲半径过小，铜绞线容易跑出哈夫夹的槽外，会导致哈夫夹压不紧，运行时发热。

在转弯处干脆把铜绞线断开，再用封头进行压紧。封头留10mm。

图 2-10　哈夫线夹安装实例

案例 2：220kV 某变电站，10kV 框架式并联电容器成套装置电容器与汇流排连接头过热。螺帽紧固不到位发热，如图 2-11 所示。

图 2-11　螺帽紧固不到位发热

（2）具体措施。

1）铝排冲孔后应进行打磨，确保冲孔平整、无毛刺翻边，如图 2-12 所示。

图 2-12　冲孔后带毛刺铝排

2）电容器侧连接线必须采用双线哈夫线夹及带护套铜软绞线，如图 2-13 所示。

(a) 双线哈夫夹

(b) 带护套铜软绞线

图 2-13　电容器侧连接线

3）厂家应提供详细安装说明，并明确提出铜铝过渡片安装方式、导体连接处螺母扭矩、连接接触面等工艺要求。

4）验收阶段，验收人员用力矩扳手再次核查所有电气连触点螺帽紧固力矩，确保连接紧固、可靠，符合工艺要求。

5）铜铝过渡片两面应有明显钢印标识，确保铜铝过渡片安装正确，如图 2-14 所示。

图 2-14　有标示的铜铝过渡片

6）并联电容器容量试验，应采用不拆线电容量测试仪器（如多用途全自动数字式电容电桥），避免因拆、接线造成螺栓紧固力矩不满足要求，导致连接处发热。

7）汇流排应采用全铜汇流排。

2.1.3.3　提高配套设备质量

（1）现状及需求。

框架式并联电容器装置部分配套设备质量差，如放电线圈开裂漏油；支柱绝缘子应力不够断裂；隔离开关质量不佳、不能到达额定电流技术要求，发热缺陷较多等。

需依托抽检方式，杜绝劣质设备进入电网，提高电网及设备运行的安全性、可靠性、稳定性。同时，在设备选型时，还应充分考虑严寒及高海拔地区对设备的影响。

案例1：110kV某变电站，在电容器停电操作过程中，支柱绝缘子断裂、触头掉落，如图2-15所示。

图2-15　支柱绝缘子断裂

案例2：220kV某变电站，电容器成套装置进线侧隔离开关质量不佳，不能达到额定电流技术要求，频繁出现发热缺陷，如图2-16所示。

案例3：110kV某变电站，并联电容器放电线圈设备材质不良，投运3个月，表面已普遍龟裂，如图2-17所示。

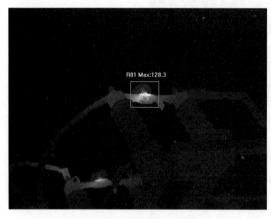

图2-16　隔离开关发热　　　　　　　图2-17　放电线圈表面龟裂

（2）具体措施。

1）招标采购阶段，将配套设备质量技术参数要纳入技术规范书，并要求厂家提供膜、绝缘油、铝箔等主要原材料出厂试验报告，以及隔离开关、支柱绝缘子、避雷器和放电线圈等主要配套设备的检验、检测报告。

2）根据招标批次和生产厂家供货情况，开展框架式并联电容器组配套设备质量抽检，如每批次抽取 2~3 套成套装置进行隔离开关温升，放电线圈密封性、放电性能和耐压检测，若试验未通过予以退货。

3）严寒、高海拔地区优先选用油浸式放电线圈。

2.1.3.4　全面提高防渗漏性能

（1）现状及需求。

老式的并联电容器单元壳体焊接工艺落后、出线套管采用锡焊被银技术，极易造成套管根部法兰处和壳体渗漏油。目前，设备生产厂家已通过选择优质的壳体材料，采用机器人或仿形自动氩弧焊工艺、滚装一体化套管，并依托有效的热烘密封性试验等措施，有效减少了框架式并联电容器渗漏缺陷。

生产厂家在制造时应提高工艺，现场施工时提高安装质量，提高防渗漏性能。

案例：110kV 某变电站，4 号电容器组 A4 电容器渗漏油，A4 电容器外壳上有明显油污，油渍主要由 A4 电容器绝缘套管底座处渗出（该套管为老式套管，目前已淘汰），如图 2-18 所示。

（a）老式锡焊被银套管

（b）滚装一体式套管

图 2-18　电容器套管

（2）具体措施。

1）电容器制造厂家须提高制造工艺，采用机器人或仿形自动氩弧焊工艺、滚装一体化套管。

2）加强现场施工安装质量管控，避免在安装过程中损坏并联电容器密封而引起渗漏。禁止施工单位在现场施工过程中对电容器接头不必要的拆装，特别是上部接线座易在安装中受损而渗漏。

2.1.3.5 提升电容器室通风散热能力

（1）现状及需求。

户内安装的框架式并联电容器，因通风进出口布置不合理、通风设备未定期维护，导致电容器室内通风不良、室内温度过高（部分超过 40℃）。

需通过优化通风口设计、确保对流通风效果；定期维护通风设施，提高其通风散热能力。

案例：110kV 某变电站，10kV 电容器室内进风口和排风口同侧布置，通风散热效果较差，如图 2-19 所示。

（2）具体措施。

1）设计单位应按照生产厂家提供的余热功率进行通风设计，交接时设计单位需提供计算报告。

2）根据《全国民用建筑工程设计技术措施暖通空调·动力》要求：当采用百叶窗（见图 2-20）时，其

图 2-19　进出风口同侧布置

面积应按开启的最大窗口计算。窗口的有效面积为窗的净面积乘以系数。根据实际工程经验，当采用防雨百叶窗时，系数取 0.6；当采用一般百叶窗时，系数宜取 0.8。

图 2-20　电容器室百叶窗

3）进风口和排风口应采用对侧对角布置，不应同侧布置，保证空气对流。室内排风温度不应超过 40℃。

4）并联电容器室，不宜设置采光玻璃窗。该措施有利于隔热保温和后期维护，还可避免电容器爆裂时造成玻璃窗碎片飞溅伤人。

5）电容器室内通风设施（如风扇、防尘网等），应具备不停电容器进行清扫的条件，并

定期维护，如图 2-21 所示。

图 2-21　长期未清洗的风扇

6）重污秽、沙尘严重地区，电容器室应采取密封、隔热保温措施，并加装工业空调。

7）在一般沙尘地区，电容器室进风口应加装 U 形通风装置，并安装防尘滤网，如图 2-22 所示。

(a) U 形通风管　　　　　　　　　　(b) 防尘滤网

图 2-22　U 形管通风管及防尘滤网

8）室内通风装置应具备温度自动启停功能。

2.1.3.6　提升专业保护能力

（1）现状及需求。

如图 2-23 所示，并联电容器组开口三角保护、相电压差动保护、桥差不平衡电流保护、中性点不平衡电流保护故障时存在保护盲区，易导致故障扩大化。电容器组初始不平衡值配置不合理，导致保护误动作。需明确初始不平衡配置要求、增加放电线圈交接试验项目，确保二次线圈的性能参数（如二次负荷、额定输出、电压误差、准确级）满足保护要求。

另外，部分变电站存在不同内部结构形式的电容器混用，造成电容器保护失效的问题，还需规范备品备件要求。

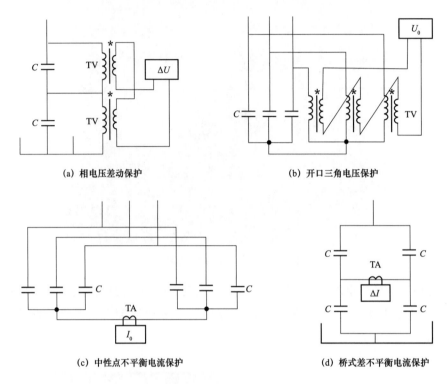

(a) 相电压差动保护　　　　　　　　　　　　(b) 开口三角电压保护

(c) 中性点不平衡电流保护　　　　　　　　　(d) 桥式差不平衡电流保护

图 2-23　电容器组保护方式

（2）具体措施。

1）生产厂家应提供电容器组保护整定计算单，并注明初始不平衡配置要求。

2）交接验收时，验收人员进行电容量初始不平衡值测试、计算。

3）交接试验时，增加带有二次线圈的放电线圈角差、比差试验。

4）严禁同电压等级、同容量但不同生产厂家、不同内部结构的电容器混合运行。更换所用的备品电容器内部串并结构与原电容器一致。

5）框架式并联电容器成套装置中单台电容器备品备件应按整组储备。

2.1.3.7　完善户外装置防动物及异物措施

（1）现状及需求。

日常运行中，飞鸟及小动物易进入户外框架式并联电容器装置，造成电容器极间或极对壳短路，需采取有效的绝缘措施防止小动物及异物入侵。

加装热缩套和新型防鸟帽，可显著提高其防护鸟害以及其他异物的能力，加装不锈钢板可有效防止小动物误入，有效提高设备运行稳定性。

案例 1：110kV 某变电站电容器组连接母排未采取绝缘化措施，存在异物短路风险，如图 2-24 所示。

图 2-24　连接母排未采取绝缘化措施

案例 2：110kV 某变电站 2 号框架式电容器围栏内一只猫死在 A 相电抗器旁，导致电容器短路跳闸，如图 2-25 所示。

图 2-25　小动物导致电容器短路跳闸

（2）具体措施。

1）母排须使用绝缘热缩护套，连接处须加装防积水、防尘硅橡胶防鸟罩。如图 2-26 和图 2-27 所示。

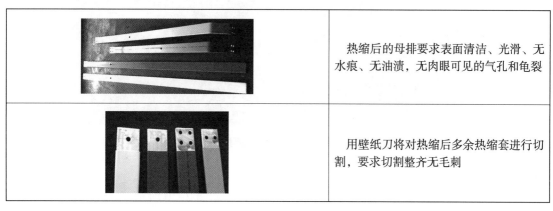

	热缩后的母排要求表面清洁、光滑、无水痕、无油渍，无肉眼可见的气孔和龟裂
	用壁纸刀将对热缩后多余热缩套进行切割，要求切割整齐无毛刺

图 2-26　母排热缩工艺要求

图 2-27　具有防水、防尘功能的防鸟罩

2）电容器组外露导电部分利用绝缘材料处理实现绝缘化，如图 2-28 所示。

图 2-28　导体连接处绝缘化处理

3）电容器引线应采用带护套镀锡铜绞线，如图 2-29 所示。

图 2-29　带护套镀锡铜绞线

4）卧式布置并联电容器组应适当增大层间距离。

5）在围栏底部 1m 处装设防小动物不锈钢板围栏，如图 2-30 所示。

图 2-30　防小动物不锈钢板围栏

6）具备条件（对人的视觉环境和身体健康不造成影响）的变电站可安装激光驱鸟器。

2.1.3.8　提高装置防腐性能

（1）现状及需求。

框架式并联电容器成套装置长期裸露在空气中，受温度、湿度、酸雨、紫外线等影响，装置表面抗腐蚀性能下降，出现构架、围栏、螺栓和电容器生锈，表面变白粉化、导线短路等现象，需通过选材、规范安装工艺提高装置防腐性能。

（2）具体措施。

1）构架应使用镀锌件，镀层厚度参考 GB/T 13912—2002《金属覆盖层 钢铁制件热浸镀锌层 技术要求及试验方法》执行，并且镀锌后确保不再进行可能伤及表面防腐层的机加工。经离心处理的镀层厚度最小值如表 2-2 所示。

表 2-2　　　　　　　　　　　　经离心处理的镀层厚度最小值

制件及其厚度（mm）		镀层局部厚度（µm/min）	镀层平均厚度（µm/min）
螺纹件	直径 ≥ 20	45	55
	6 ≤直径 <20	35	45
	直径 <6	20	25
其他制件（包括铸铁件）	厚度 ≥ 3	45	55
	厚度 <3	35	45

注　1. 本表为一般的要求，紧固件和具体产品标准可以有不同要求见 GB/T 13912 中的 4.1.2 g。
　　2. 采用爆锌代替离心处理或同时采用爆锌和离心处理的镀锌制件见 GB/T 13912 中的附录 C.4。

2）M8 及以上螺栓应采用热镀锌或不锈钢螺栓，M8 以下采用 304 不锈钢螺栓，热镀锌螺栓和未热镀锌螺栓如图 2-31 所示。

(a) 热镀锌螺栓

(b) 未热镀锌螺栓

图 2-31　热镀锌螺栓和未热镀锌螺栓

3）电容器单元器身、箱底、盖板和油封盖应选用 304 不锈钢板，如图 2-32 所示。

4）安装时应采用套筒扳手紧固螺栓，防止破坏螺栓镀锌层，如图 2-33 所示。

图 2-32　采用 304 不锈钢外壳的电容器

图 2-33　紧固螺栓时采用套筒扳手

2.1.4　智能化关键技术

通过对运建单位、制造厂家、科研机构调研，共提出智能化关键技术 3 项。

2.1.4.1　推广应用主负荷侧 110kV 直补技术

（1）现状及需求。

我国的无功补偿装置均安装于变压器的低压绕组，如 220kV 变电站的无功补偿装置都安装在 10kV 电压等级。如中压侧为主要负荷，采用该补偿方式无功补偿需通过变压器的低压绕组传送至缺无功的中压绕组，增大了变压器的损耗，降低了变压器的输出容量，提高了变压器的制造成本，不符合无功补偿就地平衡的原则，降低了补偿效果。同时，由于需要穿越变压器阻抗，降低了无功补偿装置对中压侧电压的调节作用。还因受电流限制，在低压绕组安装电容器，其容量不能太大，10kV 侧单组容量一般不超过 10Mvar，如果需要较多的无功容量时，则必须通过增大电容器的组数来实现。因此，需要考虑通过在 110kV 直补的方式提高无功补偿效果。

（2）技术路线。

根据 GB 50227—2008《并联电容器装置设计规范》中的 3.0.4：并联电容器装置宜装设在主变压器的主要负荷侧。如图 2-34 所示，采用主负荷侧 110kV 直补技术可以获得显著的无功补偿效果，优化电网无功潮流，降低变压器损耗，提高母线电压，降低变压器低压绕组容量、降低成本、减少运行维护工作量。同时，推广主负荷侧 110kV 直补技术可提高我国无功补偿装置的整体制造水平，缩短与国外先进水平的差距，为中心枢纽变电站提供先进的技术方案。

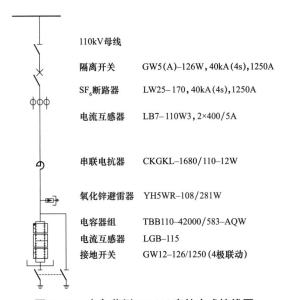

图 2-34　主负荷侧 110kV 直补方式接线图

2.1.4.2　试点电容器成套装置在线监测技术

（1）现状及需求。

近几年电力系统成套装置发生单台电容器单元鼓肚、电容器内部单元击穿造成电容器喷油起火、电容器内部缺陷导致成套装置群爆的事故屡见不鲜，严重影响了供电质量，降低了设备安全运行可靠性。

为实现故障设备提前预警及定位，避免事故扩大化，需积极开展框架式并联电容器成套装置的在线监测技术研究与实施应用工作。

（2）技术路线。

电容器成套装置在线监测技术由电流在线监测单元、放电线圈在线监测单元、监测主机构成，如图 2-35 所示。电流、电压信号监测技术成熟，能实现故障精确定位。

 电流在线检测单元	每台配置一个电流在线监测单元以监测其电流，可实现设备故障精确定位，故障预警
 放电线圈检测单元	（1）保护用放电线圈用作电容器端电压、电容器组不平衡电压、放电线圈二次侧电压变化量监测。结合电流互感器取得电流值，得到单台电容器电容量。 （2）通过监测不平衡电压，获得成套装置每串段或每相电容量最大值与最小值的比值，提前预判成套装置故障。 （3）通过监测放电线圈二次侧电压变化值，计算比差值，利用比差值判断，判断放电线圈是否故障
 监测主机	对数据进行记录、计算、分析，判断电容器故障并做出预警
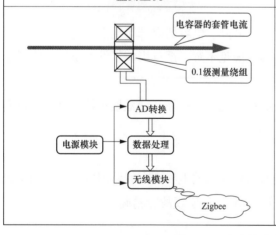	采用 ZigBee 无线方式，每个采集模块具有唯一的 ID 码，信息传输准确可靠

图 2-35　电容器成套装置在线监测系统

2.1.4.3　试点智能红外测温技术

（1）现状及需求。

框架式并联电容器成套装置接头太多，以 3 相 10 组电容器为例，引线和单体电容器的接头就高达 30 个，运维人员开展红外测温工作量较大。此外，部分电容器安装了全封闭围栏，运维人员难以开展测温工作。

为提升运维工作效率，需通过巡检机器人或加装红外摄像镜头进行温度检测。同时，可建立设备红外图谱库，实现缺陷设备持续跟踪比对。

（2）优缺点及效益对比。

特点及优势。采用配备高精度红外摄像头的巡检机器人（见图 2-36）定期对电容器组进行巡视，针对安装全封闭围栏的电容器组可考虑加装可移动式红外摄像头（见图 2-37），上述方式可实现对所有接线头精确测温，并建立红外图谱库，智能诊断分析，自动生成缺陷报表上传至运维主站。

图 2-36　带红外摄像头的巡检机器人

图 2-37　可移动式红外摄像头

2.2 紧凑型集合式并联电容器

2.2.1 简介

紧凑型集合式电容器装置是指箱壳为地电位，除进线端子外无其他裸露带电导体的高压集合式电容器装置。紧凑型集合电容器装置按进线方式分为电缆进线（见图 2-38）和架空进线（见图 2-39）两种形式，由集合式并联电容器、油浸式串联铁心电抗器、油浸式放电线圈、储油柜、避雷器、隔离开关（接地开关）、电缆进线箱等部件单元组合构成，其中电容器、电抗器和放电线圈为一体式全密封结构，构成小型化、一体化、模块化设备，如图 2-40 所示。

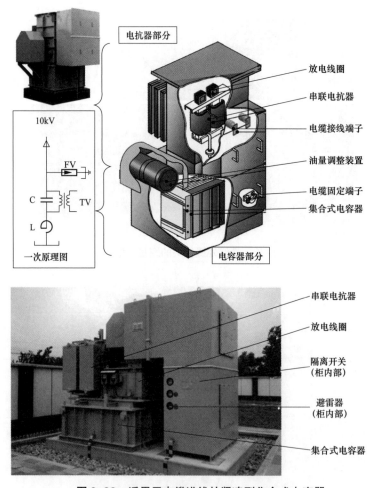

图 2-38 适用于电缆进线的紧凑型集合式电容器

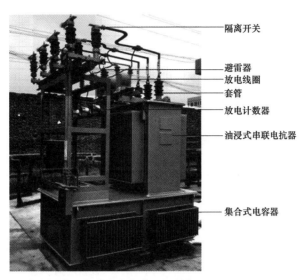

图 2-39　适用于架空进线的紧凑型集合式电容器

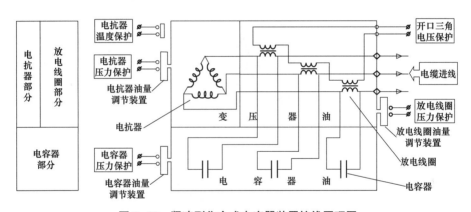

图 2-40　紧凑型集合式电容器装置接线原理图

除上述类型设备外，部分生产厂家还推出了集成真空接触器和无功电力控制装置的紧凑型集合式电容器产品，如图 2-41 所示。

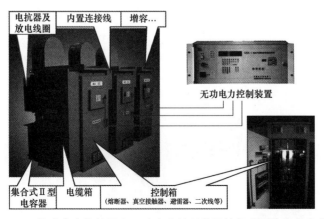

图 2-41　集成真空接触器和无功电力控制装置的紧凑型集合式电容器

2.2.2 主要问题分析

2.2.2.1 按类型分析

对紧凑型集合式并联电容器问题统计分析，共提出主要问题 3 大类、6 小类，如表 2-3 所示，主要问题占比（按问题类型）如图 2-42 所示。

表 2-3 　　　　　　　　　　紧凑型集合式并联电容器主要问题类型

问题分类	占比（%）	问题细分	占比（%）
运维检修不便	50	现场试验不便	16.7
		避雷器未配置放电计数器	16.7
		故障后需整体更换	16.7
防误功能不完善	16	打开电缆舱前缺乏可靠验电手段	16
渗漏油	17	设备内漏	17
设计结构问题	17	承重设计失误	17

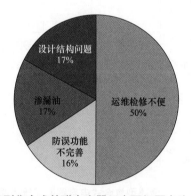

图 2-42　紧凑型集合式并联电容器组主要问题占比（按问题类型）

2.2.2.2 按电压等级分析

按电压等级统计，20kV 设备占 16.7%；10kV 设备占 83.3%，主要问题占比（按电压等级）如图 2-43 所示。

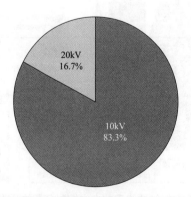

图 2-43　紧凑型集合式并联电容器组问题占比（按电压等级）

2.2.3　可靠性提升措施

2.2.3.1　提升设备故障后的恢复效率

（1）现状及需求。

紧凑型集合式电容器集成度高，电容器、电抗器和放电线圈为一体式全密封结构，现场无法检修。设备发生故障及渗漏油等缺陷时需返厂处理。当前紧凑型集合式电容器工作场强无差异化要求，招标阶段仍按常规电容器单元不大于 57kV/mm 要求。

需从设备选型、备品储备等方面制订针对性措施，提升设备故障后的恢复效率。

（2）具体措施。

1）应采购生产装备先进、技术研发能力过硬、服务质量优异、同型产品在网内具有优秀运行业绩的生产厂家的产品。

2）招标时优先选择工作场强更低的紧凑型集合式电容器，进一步降低设备故障率，提高设备理论寿命。

3）有条件时，应实现紧凑型集合式电容器现场冗余储备或地区集中储备，确保故障后快速恢复。

4）应用插拔式高压电缆终端、控制电缆航空插头等标准化接口，提高现场更换效率。

5）20000kvar 及以上大容量的紧凑型集合式电容器应考虑采用三角形接线等多台并联接线方式，提高现场冗余度，降低设备故障时一次性损失大量补偿能力的风险，如图 2-44 所示。

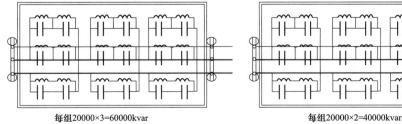

图 2-44　采用三角形接线的紧凑型集合式电容器装置

2.2.3.2 提升设备状态检测能力

（1）现状及需求。

紧凑型集合式电容器各元件单元间高度集成，除进线端子外无其他试验用引出端子，现场无法将各单元间的连接断开，难以开展电抗器、放电线圈、电容器现场交接和例行试验。部分设备出厂时未对氧化锌避雷器配置放电计数器或泄漏电流表。

需从设备选型、检测方法等方面制订针对性措施，提升设备现场状态检测能力。

案例 1：220kV 某变电站 10kV 紧凑型集合式电容器避雷器未配置放电计数器或泄漏电流表，日常巡视无法对避雷器动作情况和运行情况进行监视，如图 2-45 所示。

图 2-45　紧凑型集合式电容器未安装避雷器放电计数器或泄漏电流表

案例 2：紧凑型集合式电容器的电容器、电抗器和放电线圈采取一体化结构，现场无法使用电力电容器测试仪等常用试验设备测试电容器电容值、电抗器感抗等。部分紧凑型集合式电容器进线端未配置隔离（接地）开关，对开关柜至电容器的高压电缆试验需拆头进行，如图 2-46 所示。

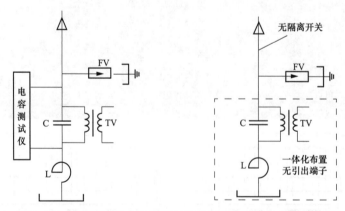

图 2-46　紧凑型集合式电容器无法采用电容测试仪测得电容值

（2）具体措施。

1）对于电缆直接进线的紧凑型集合式电容器，应采用带隔离开关和接地开关的结构，便于现场分别开展高压电缆和电容器试验。

2）紧凑型集合式电容器所集成的金属氧化物避雷器应配有便于巡视的放电计数器或泄漏电流表，如图 2-47 所示。

图 2-47　配有隔离开关和避雷器放电计数器的紧凑型集合式电容器

3）应用电容电感测试仪（LCR 测试仪）开展电容量、电感量测试，如图 2-48 所示。

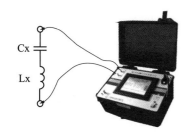
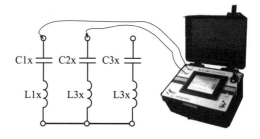

（a）"被测数据/2"选择到"Cx（Lx）"　　　（b）"被测数据/2"选择到"Cx（Lx）/2"

图 2-48　LCR 测试仪直接测量 LC 串联电路电容电感量

2.2.3.3　提升设备内部密封效果

（1）现状及需求。

紧凑型集合式电容器目前运行时间较短，尚未暴露出外部渗漏问题。个别设备因厂内装配工艺控制不到位，设备运行后出现了不同封装单元之间的内漏问题。

需在设备制造阶段采取针对性措施，加强关键工艺管控，提升产品质量。

案例：2014 年 8 月，巡视发现 220kV 某变电站 1 台紧凑型集合式电容器电抗器单元油位显著降低，电容器单元波纹膨胀器变形，外部无渗漏。返厂解体分析发现电抗器单元至电容器单元的 1 支出线套管端部算珠型密封圈位置漏油，如图 2-49 所示。进一步检查发现漏油原因是该出线套管装配时，导电杆未在绝缘子卡槽内紧固到位，运行中因震动和电动力等原因，导电杆滑落回卡槽内，导致导电杆处密封圈密封不良。

（2）具体措施。

1）加强涉及内部密封的装配工艺管控。对各单元间套管等内部密封部位的装配正确性要通过逐个手检等方式加强把关，并形成可追溯的书面记录。

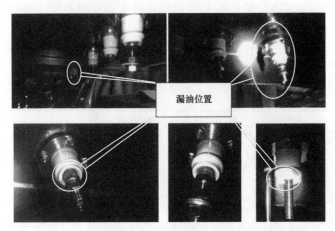

图 2-49　电抗器单元与电容器单元间套管端部漏油

2）驻厂监造时，应加强对涉及内部密封的装配工艺的旁站监督。

2.2.3.4　完善防误功能

（1）现状及需求。

新一代智能变电站同时推广使用充气式开关柜和紧凑型集合式电容器。充气柜取消了负荷侧隔离开关，母线侧隔离开关与断路器均封装于气舱内，无可见的断开点。部分紧凑型集合式电容器进线侧无隔离开关（接地开关），且未配置带电显示闭锁装置。打开紧凑型集合式电容器进线舱前仅能通过开关柜开关设备位置指示和位置信号、电流遥测量变化等后台间接手段判断是否确已停电，打开舱门（盖板）后距可能的带电部位安全距离不满足安规要求，存在打开进线舱检修时误入带电间隔的风险。

需在设备选型阶段采取针对性措施，提高设备防误功能。

案例：220kV 某变电站 10kV 紧凑型集合式电容器与 10kV 充气式开关柜配合使用。打开紧凑型集合式电容器电缆进线舱盖板前无法可靠地对设备进线端验电，电缆进线舱盖板与裸露金属导体间的距离为 0.2m，满足《高压配电装置设计技术规程》（DL/T 5352—2006）关于户内配电装置带电体与接地部分之间最小安全净距不少于 125mm 的要求，但舱门打开过程中及打开后不满足国家电网公司《电力安全工作规程》关于设备不停电时的安全距离不小于 0.7m 的要求，如图 2-50 所示。

（2）具体措施。

1）对于电缆直接进线的紧凑型集合式电容器，应采用带隔离开关和接地开关的结构。接地开关应设置在电容器侧，起到三相短路放电接地作用。

2）电缆直接进线的紧凑型集合式电容器进线侧应装设具有自检功能的带电显示装置，并与进线侧隔离开关、接地开关实行连锁。电缆进线舱盖板与开启后可能接触到带电部位的电缆进线舱小门应装有带电显示装置的强制闭锁。

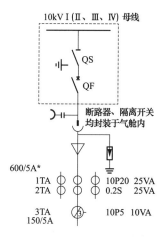

600/5A*

1TA 10P20 25VA
2TA 0.2S 25VA

3TA 10P5 10VA
150/5A

(a) 充气式开关柜停电后无可见断开点

(b) 紧凑型电容器电缆接线舱盖板与
带电部位间净距不满足安规要求

符号	适用范围	图号	系统标称电压（kV）				
			3	6	10	15	20
A_1	带电部分至接地部分之间	8.1.3-1	75	100	125	150	180
	网状和板状遮栏向上延伸线距离 2.3m 处与遮栏上方带电部分之间						
A_2	不同相的带电部分之间	8.1.3-1	75	100	125	150	180
	断路器和隔离开关的断口两侧引线带电部分之间						

(c) 高压配电装置设计技术规程净距要求

电压等级（kV）	安全距离（m）	电压等级（kV）	安全距离（m）
10 及以下（13.8）	0.70	1000	8.70
20、35	1.00	±50 及以下	1.50
66、110	1.50	±400	5.90
220	3.00	±500	6.00

(d) 电力安全工作规程安全距离要求

图 2-50　紧凑型集合式电容器防误功能不完善

（3）电缆进线舱盖板与开启后可能接触到带电部位的电缆进线舱小门防误闭锁接入变电站微机防误系统。

2.2.3.5　产品设计阶段加强叠装元件承重校核

（1）现状及需求。

根据谐波治理需要，紧凑型集合式电容器可能配置多种不同电抗率的油浸式铁心电抗器单元。部分生产厂家未对外形、质量不同的电抗器单元叠装于电容器单元之上时的承重情况进行充分校核，导致配自重较大的电抗器单元时，下方电容器单元外壳因强度不足产生变形。

需加强设计阶段静力校核，差异化提高部分单元外壳制造标准，有效提高设备可靠性。

案例：220kV 某变电站 2 台配 12% 电抗率的紧凑型集合式电容器油箱顶盖出现轻微变形并导致积水，配 5% 电抗率的设备无异常，如图 2-51 所示。

图 2-51 电容器油箱顶盖变形积水

（2）具体措施。

1）采取叠装布置的紧凑型集合式电容器所选配的元件单元外形、质量发生变化时，设备厂家应重新开展静力校核，并分别提供计算报告。

2）设备生产厂家应考虑通过提高外壳钢板厚度，增加梁、柱等承载结构等措施，提高下方承重单元的承载能力。

2.2.4 智能化关键技术

紧凑型集合式电容器采用油浸式电容器、油浸式电抗器、油浸式放电线圈和一体化紧凑结构，相较框架式电容器所采用的小容量单台电容器、干式放电线圈、电抗器等，实现智能化所需的传感器较少，传感元件安装相对方便，可采集的状态信息也较丰富，利于实现设备智能化，如图 2-52 所示。

紧凑型集合式电容器由于采用油浸式放电线圈和油浸式电抗器，出厂时已对电容器、放电线圈、电抗器单元分别配置油温控制器和压力释放阀，且油温可通过变送器上传到监控系统。相比传统设备放电线圈、电抗器无专用保护的状态，已初步具备超温保护和超压保护功能及油温在线监视功能，如图 2-53 所示。

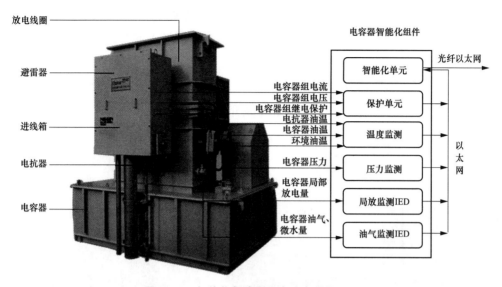

图 2-52　智能化紧凑型集合式电容器

图 2-53　智能化紧凑型集合式电容器配备油温高报警跳闸和压力释放阀

通过对运检单位、制造厂家、科研机构调研，共提出智能化关键技术 3 项。

2.2.4.1　电容量在线监测

（1）现状及需求。

电容量是电容器重要的技术指标，可较直观体现电容器的健康程度。当前需通过停电试验获取相关状态量，对运行中的电容器电容量尚缺乏监测和分析，部分潜伏性缺陷不能提前发现。对于紧凑型集合式电容器来说，故障发生后设备必须返厂维修，造成不可预测的补偿能力损失。

目前国内已有少量具备电容量在线监测功能的框架式电容器装置投入试运行。有必要针对紧凑型集合式电容器的结构特点，加强电容量在线监测功能的应用。

（2）技术路线。

电容量是反映电容器健康状态最直接的技术指标。当前电容量在线监测的主要实现原理为采用双绕组放电线圈（除保护绕组外，另配备一个精度为 0.5 级的二次绕组）采集电容器两端电压，采用 0.1 级精度的电流传感器（对于多台并联型）或开关回路电流互感器采集流过电容器的电流，由于电容器的有功功率很小，介质损耗因数小于 0.03%，因此电容器上的电流几乎是纯容性电流。根据电压电流法 $C=I/\omega U$ 可以得到电容值，通过历史对比，可得电容器的变化量，紧凑型集合式电容器电容量及介质损耗在线监测系统如图 2-54 所示。

(a) 油浸式双绕组放电线圈单元

(b) 独立式双绕组放电线圈

(c) 贯穿型电流互感器

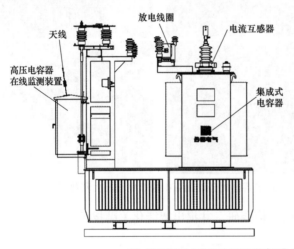
(d) 带有电容量在线监测功能的紧凑型集合式电容器样机

图 2-54 紧凑型集合式电容器电容量及介质损耗在线监测系统

相比于局部放电在线监测及微量气体监测等其他手段，电容量和介质损耗监测几乎不增加新的传感器，不需改动现有产品结构，无需在外壳上增加开孔，具有较明显的成本优势，且不增加渗漏油的风险。

2.2.4.2 局部放电在线监测

（1）现状及需求。

局部放电是电力电容器故障的预征兆。电容器的电容、介质损耗的变化，是局部放电积累到一定程度后的结果，有一定的滞后性。监测电容器内局部放电水平，可以及时地发现和防范事故的发生。

目前国内尚无具备局部放电在线监测的电力电容器在运。新一代智能变电站发展过程中，部分生产厂家与科研单位已联合研制出具有局部放电传感器的紧凑型集合式电容器样机。

需进一步研制高精确度、高可靠性的局部放电在线监测方案和技术标准，提升传感器和软件分析系统可靠性，降低成本。

（2）技术路线。

紧凑型集合式电容器局部放电在线监测与油浸式变压器局部放电在线检测较为类似，也可采用局部放电的声学信号和无线电信号联合监测的方式，可实现油浸式电容器、油浸式电抗器、油浸式放电线圈单元检测，弥补电抗器、放电线圈运行中状态信息获取困难的不足。综合特高频和超声波两种监测方式，不但能灵敏地检测到各种类型的放电故障，并能够在出现放电故障时进行对照分析、相互验证，从而提高整套检测装置的准确性和可靠性。

需在局部放电在线监测装置的有效性、可靠性方面开展进一步研究，优化传感器性能指标，降低误报率与漏报率，降低装置故障率，提高数据准确率；建立统一的技术标准规范。

2.2.4.3 研究电容器油中溶解气体分析方法和在线监测技术

（1）现状及需求。

紧凑型集合式电容器用油量大且具备油量调节装置，相比框架式电容器，具备现场取油，实验室分析或实现在线监测的可能性。目前国内没有电容器油（苯基乙苯基乙烷）中微量气体含量的判定标准，开展此方向研究的单位多以 DL/T 722《变压器油中溶解气体分析和判断导则》作为参照，缺乏理论论证和实证依据。在没有适用判定标准的情况下，当前无法通过电容器油中溶解气体色谱分析对电容器内部发热、局部放电等异常情况进行评估诊断。国内已有部分生产厂家在理论和实践方着手开展相关研究工作，并已就实现电容器油中溶解气体在线监测技术做了一些前期工作（见图 2-55）。

需进一步研究电容器油中溶解气体的分析方法和在线监测技术（电容器油色谱在线监测系统原理见图 2-56），逐步积累分析经验，为今后运行状态检测和故障缺陷分析提供新的诊断工具。

（2）技术路线。

变压器类设备的绝缘油中溶解气体分析及在线检测已开展多年，技术非常成熟。国内各运维单位均有绝缘油中溶解气体分析经验、专业化验设施和专业化验人员。国内变压器油色谱在线监测装置装用量很大，相关厂家经验丰富。电容器油相关气体分析方法和在线监测技术成熟后，推广成本低、应用快。

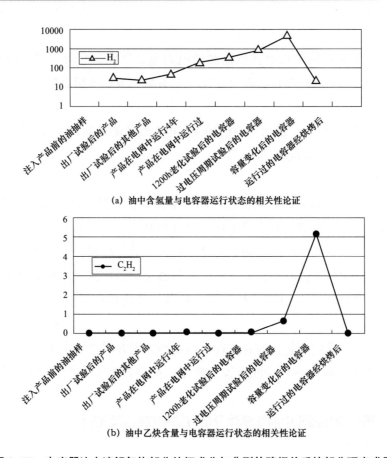

(a) 油中含氢量与电容器运行状态的相关性论证

(b) 油中乙炔含量与电容器运行状态的相关性论证

图 2-55 电容器油中溶解气体部分特征成分与典型故障间关系的部分研究成果

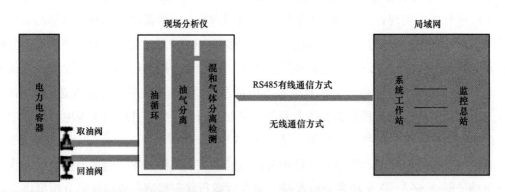

图 2-56 电容器油色谱在线监测系统原理

目前个别电容器生产厂家对电容器油中乙炔、氢气的含量与电容器的健康状态间的关系研究已有一定数据积累，其他气体成分的研究仍处于起步阶段，需要攻关的技术难点较多。紧凑型集合式电容器采用全密封结构，往往不设取样阀，对数据收集带来一定困难。

2.3　常规集合式并联电容器

2.3.1　简介

集合式并联电容器是将单台电容器按设计要求串、并联连接后集装于一个容器或油箱中，并引出端子的组装体，如图 2-57 所示。集合式并联电容器按内部可由小单元（见图 2-58）或大元件（见图 2-59）两种方式串、并联构成。集合式并联电容器按结构形式可分为三相式（见图 2-60）和单相式（见图 2-61）。为避免相间短路，10000kvar 以上大容量集合式电容器和 35kV 及以上电压等级的集合式电容器通常设计为单相式；按布置形式可分为水平布置（见图 2-62）和叠装布置（见图 2-63）。

集合式电容器成套装置由集合式电容器、放电线圈、避雷器、隔离开关、相关设备支架及围栏组成，如图 2-64 所示。

集合式并联电容器成套装置除配有常规保护方式有开口三角保护、相电压差动保护、桥差不平衡电流保护、中性点不平衡电流保护外，通常还配有温度和压力保护。

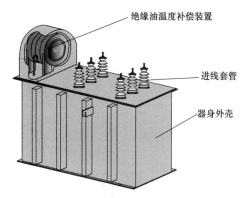

图 2-57　集合式电容器结构图

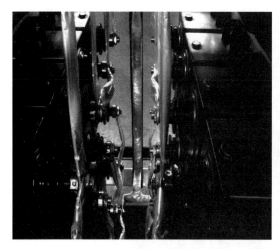

图 2-58　小单元结构集合式并联电容器

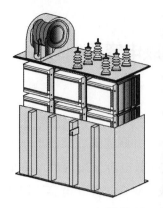

图 2-59　大元件结构集合式并联电容器

图 2-60　三相集合式并联电容器　　　　图 2-61　单相集合式并联电容器

图 2-62　水平布置集合式并联电容器装置

图 2-63   叠装布置集合式并联电容器

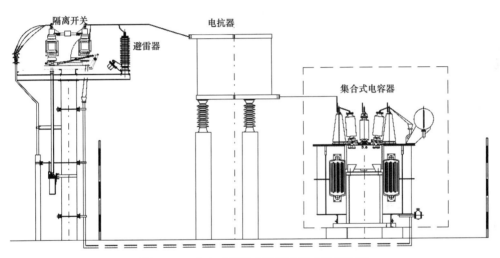

图 2-64   集合式并联电容器装置布置示意图

2.3.2   主要问题分析

2.3.2.1   按类型分析

对电力行业常规集合式并联电容器问题统计分析，共提出主要问题 4 大类，8 小类，如表 2-4 所示，主要问题占比（按问题类型）如图 2-65 所示。

表 2-4 　　　　　　　　　常规集合式并联电容器主要问题类型

问题分类	占比（%）	问题细分	占比（%）
运维检修不便	70.8	故障后检修困难	33.3
		巡检不便	12.5

续表

问题分类	占比（%）	问题细分	占比（%）
运维检修不便	70.8	运行后调整容量不便	20.8
		检修维护空间狭小	4.2
内部元件故障	12.5	内部元件故障	12.5
配套元部件问题	12.5	隔离开关问题	8.3
		串联电抗器问题	4.2
渗漏油	4.2	本体渗漏油	4.2

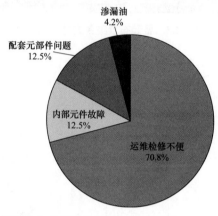

图 2-65　常规集合式并联电容器组主要问题占比（按问题类型）

2.3.2.2　按电压等级分析

按电压等级统计 66kV 设备占 4.17%；35kV 设备占 25%；10kV 设备占 70.83%，主要问题占比（按电压等级）如图 2-66 所示。

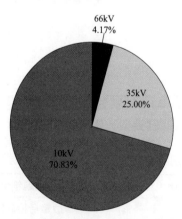

图 2-66　常规集合式并联电容器主要问题占比（按电压等级）

2.3.3 可靠性提升措施

2.3.3.1 提升运维检修便利性

（1）现状及需求。

集合式电容器内部元器件故障后需现场吊罩或返厂检修处理，难以在短时间内恢复使

用，影响就地无功支撑。分组电容器容量选择不当，电容器投入受阻。部分油位计、呼吸器因制造、安装等原因，存在不便巡视、不便维护等问题。充油设备户内布置存在消防隐患。

需在设备选型采取针对性措施，加强备品储备，提升运维便利性。

案例 1：某 66kV 变电站的 10kV 集合式电容器组置于户内，故障检修时受场地空间限制，吊罩检修开展不便，如图 2-67 所示。

图 2-67　集合电容器户内布置导致现场检修不便

（2）具体措施。

1）应实现集合式电容器现场冗余储备或地区集中储备，确保故障后快速恢复。

2）单套容量 6012kvar 以上的集合式电容器应采取户外布置，避免户内布置导致的检修不便和灭火困难问题。

3）选型阶段应考虑到电网负荷发展的实际情况，根据 Q/GDW 1212—2015《电力系统无功补偿配置技术导则》配置电容器的分组容量。

4）电容器组容量达到 20000kvar 及以上时，宜选用三角形接线等多台并联接线方式提高设备运行可靠性，如图 2-68 和图 2-69 所示。

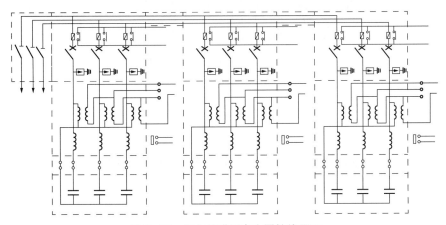

图 2-68　多台并联型电容器接线原理

5）加强产品设计与电气施工设计的协同，保证运维便利性需求。集合式电容器安装时应确保电容器铭牌、编号面向巡视通道。油位计、温度计等应朝向巡视通道安装，释压阀应安装于便于观察的位置。

6）产品设计时，应将呼吸器通过连管引接至可不停电维护的位置，如图 2-70 所示。

图 2-69　运行中的三角形接线集合式电容器　　　　图 2-70　呼吸器安装须停电才能维护的位置

7）新采购的集合式电容器应选用全密封结构，采用金属波纹膨胀器作为温度补偿装置，取消呼吸器，如图 2-71 所示。

图 2-71　采用金属波纹膨胀器的全密封集合式电容器

2.3.3.2　降低内部小单元故障概率

（1）现状及需求。

2004 年前的行业调研数据表明，集合式电容器损坏率高于框架式电容器。此次收集的部分案例也提到了小单元型集合式电容器内部小单元故障（见图 2-72）及故障后检修困难等情况。

集合式电容器现场检修十分困难，有必要在设备制造加强管控，保证设备制造质量，提高设备寿命。

（2）具体措施。

1）集合式并联电容器内部场强应按照不超过 57kV/mm 控制，入厂抽检时检查场强计算报告，并根据实测薄膜厚度进行验算。

(a) 内熔丝动作后炭黑污染

(b) 连接片熔断

(c) 元件端头击穿

图 2-72　集合式电容器内部小单元典型故障

2）驻厂监造时应加强膜、绝缘油、铝箔等主要原材料出厂试验检查。

2.3.3.3　提升配套设备质量

（1）现状及需求。

集合式并联电容器装置配套隔离开关在运行后载流能力下降，出现触头发热等缺陷，需通过适当提高技术标准，加强物资质量抽检等方式，确保配套设备可靠性满足运行要求。

案例：某 110kV 变电站 35kV Ⅰ 段电容器 353 进行测温时，发现 3531 隔离开关 C 相桩头发热严重。电容器进线隔离开关异常发热问题多次出现，隔离开关闸刀桩头发热温度较高，可能造成与其接触的导电部件烧蚀，如图 2-73 所示。

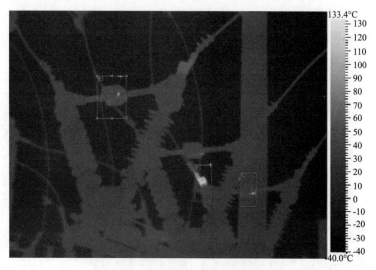

图 2-73　35kV Ⅰ段电容器 3531 隔离开关发热

（2）具体措施。

1）开展电容器组配套设备质量抽检，重点加强配套隔离开关机械强度、载流能力检测。

2）驻厂监造应对配套隔离开关等外购元件出厂试验报告、质量证明和外观质量进行重点检查。

2.3.3.4　提升设备密封效果

（1）现状及需求。

集合式电容器因箱体、套管及其他的连接部位的密封、焊接不良，可能造成渗漏油，集合式电容器小单元渗漏油将导致电气性能下降和损坏。

需通过改进箱体结构、采用先进的焊接技术，加强出厂前密封性能检测等措施提升设备密封效果。

案例 1：110kV 某变电站 1、2 号电容器渗油。解体检查发现电容器出线套管导电杆存在发热缺陷，密封圈老化龟裂，造成密封性能丧失，如图 2-74 所示。

图 2-74　套管密封圈龟裂严重导致套管根部漏油

案例 2：35kV 某变电站 206 电容器出线套管接口法兰密封面渗漏油，如图 2-75 所示。

图 2-75　套管接口法兰渗油

（2）具体措施。

1）集合式电容器整体和内部小单元油箱加工时尽量采用弯折结构以减少焊缝，所有与油接触的焊缝应采用双面焊，与空气接触的表面应采用密封焊接。

2）采用埋弧焊（见图 2-76）、二氧化碳气体保护焊（见图 2-77）等先进的焊接技术，提高焊接面密封性能。

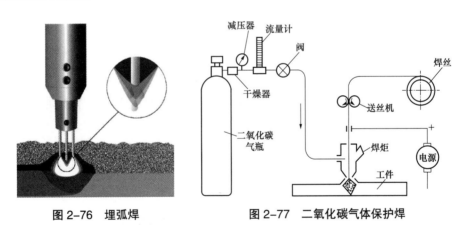

图 2-76　埋弧焊　　　　　图 2-77　二氧化碳气体保护焊

3）油箱密封优先选用矩形密封圈，严格控制密封圈压缩量。

4）密封胶垫应选用耐油、耐高温性能好、使用寿命长的丁腈橡胶或丙烯酸酯等优质材料。

5）小元件型低温（-35℃以下）环境地区应选用氟硅橡胶等耐低温的密封件。

6）油箱装配前应通过热烘试漏、油压试漏（见图 2-78）、气压试漏或着色探伤检测。

7）出线装置外形设计应考虑避免密封面受阳光直射的要求，电容器外壳应设置适当的自然散水坡度。避免出现套管端部受到紫外线长期照射、箱盖积水导致雨污浸渍密封件等原因导致密封失效。应当保证接于电容器出线套管的引线弧度合适，应当尤其避免采用硬质金属排等作为套管端子引线。

图 2-78　油压试漏

8）优先选用大元件无熔丝结构的集合式电容器，通过降低温升，取消散热器，减少油路接头，提高密封性能。

2.3.4　智能化关键技术

相较于框架式电容器，集合式电容器实现单台电容器智能化所需的传感器较少，传感元件安装相对方便，可采集的状态信息也较丰富，利于实现设备智能化。

通过对运检单位、制造厂家、科研机构调研，共提出智能化关键技术 3 项。

2.3.4.1　电容量在线监测技术

参照紧凑型集合式电容器相关章节。

2.3.4.2　局部放电在线监测技术

参照紧凑型集合式电容器相关章节。

2.3.4.3　研究电容器油中溶解气体分析方法和在线监测技术

参照紧凑型集合式电容器相关章节。

2.4　电容器成套装置对比及选型建议

2.4.1　对比范围

对框架式并联电容器组、常规集合式并联电容器组、紧凑型集合式并联电容器组的性能、可靠性、运维便利性等方面进行对比。

2.4.2　优缺点比较

2.4.2.1　性能对比

电容器成套装置可靠性对比如表 2-5 所示。

表 2-5　　　　　　　　　　　　　电容器成套装置可靠性对比

性能 ＼ 设备	框架式并联电容器	常规集合式并联电容器	紧凑型集合式并联电容器
适用电压等级	6~110kV	6~66kV	6~66kV
连续过电流能力	$1.30I_n$	$1.30I_n$	$1.30I_n$
连续过电压能力	$1.05U_n$	$1.05U_n$	$1.05U_n$
电容器心子温升	15~20K	15~20K（小单元） 10~14K（大元件）	15~20K（小单元） 10~14K（大元件）
环境温度范围	−40~+55℃	−40~+55℃	−40~+55℃
抗震设防烈度	8 度	8 度	8 度
最大单台容量	800kvar（单台） 120Mvar（成套）	26.7Mvar	20Mvar
电容偏差	0%~5%	0%~5%	0%~5%
单元接线方式	单星形接线 双星形接线	单星形接线	单星形接线
主保护方式	内熔丝 外熔断器	内熔丝	内熔丝
专用继电保护方式	开口三角电压保护 纵向电压差动保护 横向电流差动保护 中线不平衡电流保护 中线差流保护与桥差保护混合接线	开口三角电压保护 纵向电压差动保护 横向电流差动保护	开口三角电压保护 纵向电压差动保护
非电量保护方式	—	绝缘油超温信号 油箱压力信号	绝缘油超温信号 油箱压力信号 压力释放阀信号
系统异常保护方式	过电流保护 过电流速断保护 过电压保护 失压保护 过负荷保护（谐波影响不可忽略时） 单相接地保护（干式铁心电抗器前置时）	过电流保护 过电流速断保护 过电压保护 失压保护 过负荷保护（谐波影响不可忽略时） 单相接地保护	过电流保护 过电流速断保护 过电压保护 失压保护 过负荷保护（谐波影响不可忽略时） 单相接地保护

续表

性能 \ 设备	框架式并联电容器	常规集合式并联电容器	紧凑型集合式并联电容器
相数	三相	单相/三相	单相/三相
安装方式	框架安装	落地式	落地式
电容器密封结构	全密封	全密封 半密封	全密封
内部场强设计要求	≤ 57kV/mm	≤ 57kV/mm	≤ 57kV/mm
电容器损耗功率	≤ 0.5W/kvar	≤ 0.5W/kvar	≤ 0.5W/kvar
损耗角正切值	≤ 0.005%（内熔丝＋放电电阻） ≤ 0.035%（内熔丝） ≤ 0.03%（无熔丝）	≤ 0.035%（内熔丝） ≤ 0.03%（无熔丝）	≤ 0.035%（内熔丝） ≤ 0.03%（无熔丝）
电容器串段内部保护方式	外熔丝 内熔丝 无熔丝	内熔丝（小单元） 无熔丝（大元件）	内熔丝（小单元） 无熔丝（大元件）
串联电抗器选择	干式空心电抗器 干式铁心电抗器 油浸式铁心电抗器	干式空心电抗器 油浸式铁心电抗器	油浸式铁心电抗器
散热方式	直接散热	间接散热（小单元） 直接散热（大单元）	间接散热（小单元） 直接散热（大单元）
冷却介质	浸渍剂	变压器油（小单元） SF_6 气体（充气式） 电容器油（大元件）	变压器油（小单元） 电容器油（大元件）

2.4.2.2　安全性对比

电容器成套装置安全性对比如表 2-6 所示。

表 2-6　　　　　　　　　　　电容器成套装置安全性对比

安全性 \ 设备		框架式并联电容器	常规集合式电容器	紧凑型集合式电容器
对人身安全	触电风险	依赖安全围栏	依赖安全围栏	全密封型：防误功能不完善时，有打开电缆舱时误入带电间隔可能 半密封型：无风险
	中毒风险	浸渍剂相对无毒（Ⅳ级）	浸渍剂相对无毒（Ⅳ级） 充气式集合电容器 SF_6 渗漏	浸渍剂相对无毒（Ⅳ级）

续表

安全性 设备		框架式并联电容器	常规集合式电容器	紧凑型集合式电容器
对设备安全	爆燃风险	依赖安全的单元间串并联设计及外壳耐爆容量配合	用油量大，若发生内部单相接地或相间短路，火灾风险较高 依赖安全阀及事故渗油措施	用油量大，若发生内部单相接地或相间短路，火灾风险较高 依赖安全阀及事故渗油措施
	抗合闸涌流及操作过电压能力	串联电抗器置于系统侧时，具有较好的抗合闸涌流及操作过电压能力 串联电抗器置于中性点侧时，抗合闸涌流及操作过电压不足		

2.4.2.3 可靠性对比

电容器成套装置可靠性对比如表 2-7 所示。

表 2-7 电容器成套装置可靠性对比

可靠性 设备		框架式并联电容器	常规集合式并联电容器	紧凑型集合式并联电容器
故障缺陷率	此次报送案例数量与设备总量间的百分比	0.15%	0.022%	20%
	简述	单台电容器发生介质击穿的理论概率较低 带电体外露多，外绝缘和异物短路风险高 元件及引出端子多，端部及外壳密封不良受潮及受潮次生故障概率高电气接头多，发热及发热次生故障概率高 隔离开关等附属设备故障率高	大单元型发生介质击穿的理论概率高于单台电容器 带电体外露少，外绝缘和异物短路风险低 元件及引出端子少，端部及外壳密封不良受潮及受潮次生故障概率低电气接头少，发热及发热次生故障概率低 隔离开关等附属设备故障率高	大单元型发生介质击穿的理论概率高于单台电容器 带电体外露最少，外绝缘和异物短路风险最低 元件及引出端子少，端部及外壳密封不良受潮及受潮次生故障概率最低 电气接头少，发热及发热次生故障概率最低
检修停电范围		本间隔停电	本间隔停电	本间隔停电
系统运行可靠性保护完善性		干式空心电抗器、放电线圈无专用保护 未配置外熔断器时，单相接地保护较不灵敏	干式空心电抗器、放电线圈无专用保护 单相接地保护较不灵敏具有上层油温高报警和释压器动作跳闸功能	单相接地保护较不灵敏具有上层油温高报警和释压器动作跳闸功能

可靠性	设备	框架式并联电容器	常规集合式并联电容器	紧凑型集合式并联电容器
主要缺陷	电容器	主绝缘不良 鼓肚 油箱或套管渗漏油 电容量变化超标 外绝缘闪络 油或套管爆裂 套管接头发热	主绝缘不良 油箱或套管渗漏油 内部元件渗漏油 电容量变化超标 外绝缘闪络 油或套管爆裂	主绝缘不良 油箱或套管渗漏油 内部元件渗漏油 电容器单元充油单元间渗漏油 电容量变化超标 外绝缘闪络 油箱或套管爆裂
	附属设备	串联电抗器匝间短路 隔离开关发热 隔离开关操作失灵 放电线圈匝间短路 避雷器炸裂 外熔断器动作 环流涡流发热	串联电抗器匝间短路 隔离开关发热 隔离开关操作失灵 放电线圈匝间短路 避雷器炸裂 外熔断器动作 环流涡流发热	串联电抗器匝间短路 隔离开关发热 隔离开关操作失灵 放电线圈匝间短路 避雷器炸裂 外熔断器动作
制造工艺（工厂）		卷绕—成型—喷金—焊接—半成品检验—装配—灌注—成品检验	卷绕—成型—喷金—焊接—半成品检验—装配—灌注—小单元装箱—注油—试漏—出厂试验	卷绕—压装—元件组装—干燥—浸渍—加压—检验—喷漆

2.4.2.4 便利性对比

电容器成套装置便利性对比如表 2-8 所示。

表 2-8 电容器成套装置便利性对比

便利性	设备	框架式并联电容器	常规集合式并联电容器	紧凑型集合式并联电容器
安装便利性	土建工程量	20 天	20 天	20 天
	电气安装工程量	3 天	2 天	1 天
运维便利性	巡检项目	红外热像 外观检查	红外热像 油位检查 油温检查 气压检查（充气型） 外观检查	红外热像 油位检查 油温检查 外观检查
	维护项目	清除杂草异物	更换呼吸器硅胶（半密封型）	无

续表

便利性	设备	框架式并联电容器	常规集合式并联电容器	紧凑型集合式并联电容器
检修便利性	检修便利性	电容器故障：更换 其他元件故障：现场检修或更换 例行检修：外绝缘及外壳清扫工作量大	电容器故障：返厂检修 其他元件故障：现场检修或更换 例行检修：外绝缘及外壳清扫工作量较小	电容器故障：返厂检修 其他元件故障：返厂检修或更换 例行检修：外绝缘及外壳清扫工作量最小
	试验便利性	电容器试验：电容量、绝缘电阻、回路电阻（发热时）。使用无需拆头的电容量测试仪时，工作与集合式电容器无显著差别，否则拆接头工作量极大 附属设备：按相关标准执行	电容器试验：电容量、绝缘电阻、温度计、安全阀校验 附属设备：按相关标准执行	电容器试验：容抗（使用电容电感测试仪时，否则无法测试） 附属设备：感抗（使用电容电感测试仪时，否则无法测试）、放电线圈二次回路绝缘电阻、温度计、安全阀校验
更换改造便利性		可全部改造或部分改造	电容器部分仅能全部改造或返厂改造 其余附属设备可个别改造	仅能全部改造或返厂改造

2.4.2.5　一次性建设成本

电容器成套装置一次性建设成本对比如表 2-9 所示。

表 2-9　　　　　　　　　电容器成套装置一次性建设成本对比

建设成本	设备	框架式并联电容器	常规集合式并联电容器	紧凑型集合式并联电容器
采购成本（元 /kvar）	10kV 干式空抗	25 元 /kvar	35 元 /kvar	—
	35kV 干式铁抗	30 元 /kvar	36 元 /kvar	40 元 /kvar
占地面积（基础内面积，含事故油池）	10kV 4800kvar 干式空抗	3.5m×6m（基准）	3.5m×5m（83%）	3.4m×3.3m（53%）
	35kV 20000kvar 干式铁抗	5m×11m（基准）	7m×10m（127%）	5m×6.5m（59%）

设备 建设成本	框架式并联电容器	常规集合式并联电容器	紧凑型集合式并联 电容器
安装调试成本 （以 10kV，4800kvar 设备 为例，参照 2014 年能源局 电网基建工程定额）	整体吊装，现场完 成部分元件接线	整体吊装，现场完成 部分元件接线	整体吊装，现场完成 部分元件接线
	2343.36 元/台	2098.97 元/台	2098.97 元/台

2.4.2.6 后期成本

电容器成套装置后期成本对比如表 2-10 所示。

表 2-10 电容器成套装置后期成本对比

设备 后期成本	框架式并联电容器成套 装置	常规集合式并联电容器 成套装置	紧凑型集合式并联电容器 成套装置
运维巡视工作量	红外热像 外观检查	红外热像 油位检查 气压检查 油温检查 外观检查	红外热像 油位检查 油温检查 外观检查
	约 2 人·h	约 1 人·h	约 0.5 人·h
维护工作量	清除杂草异物	更换呼吸器硅胶（半 密封型）	无
	约 1 人·h	约 1 人·h	
检修工作量及成本（以 10kV，4800kvar 设备为 例，参照 2014 年能源 局电网检修工程定额）	常规综合检修：本体 瓷套检查、渗漏处理、 熔断器检查及更换、引 线检查、缺陷处理	常规综合检修（按自 重 5t 设备计算）： 一次接线检查、外罩 检查、呼吸器检查、表 计检查、二次接线检查、 缺陷处理	几乎无法开展现场检修
	1037.28 元/台	3025.49 元/台	
更换改造工作量及成本 （以 10kV，4800kvar 设备 为例，参照 2014 年 能源局电网技改工程 定额）	现场拆除及安装电容 器及附属设备，框架不 改动基础时，需 8 个工 作日 改动基础时，需 28 个 工作日	现场拆除及安装电容 器及附属设备，不改动 基础时，需 3 个工作日 改动基础时，需 23 个 工作日	现场拆除及安装电容器 及附属设备，框架不改动 基础时，需 1 个工作日 改动基础时，需 21 个工 作日
	2506.88 元/台	2305.81 元/台	2305.81 元/台

2.4.3　优缺点总结及选型建议

2.4.3.1　框架式并联电容器成套装置

优点：单台电容器发生介质击穿的理论概率较低。模块化框架式安装，现场装配、检修、改造、试验灵活，外观巡视获得的状态信息多。

缺点：带电体外露多，外绝缘和异物短路风险高；元件及引出端子多，端部及外壳密封不良受潮及受潮次生故障概率高；电气接头多，发热及发热次生故障概率高。占地较大，继续提高外绝缘配置会显著增大设备占地。

选型建议：户内变电站适用。鸟、蛇等异物短路风险较低，建设用地充裕的户外变电站建议选用。重污秽、重腐蚀地区慎重选用。

2.4.3.2　常规集合式并联电容器成套装置

优点：体积较小、安装方便、维护简单，防护性能好，适于户外装设，占地较少。元件数少，布置相对集中，较易于实现智能化功能。

缺点：电容器一旦故障即需整体停运，通常现场修理不便，不能很快恢复运行；充油集合式电容器的渗漏油，充气集合式电容器的漏气及散热缺陷较为突出，影响正常使用。单台容量大，投运后通过改造方式调整容量不灵活。

选型建议：鸟、蛇等异物短路风险较高、建设用地紧张，10kV 电压等级的户外变电站可选用。户内变电站不建议选用，35kV 及以上电压等级不建议选用。

2.4.3.3　紧凑型集合式并联电容器成套装置

优点：体积最小、安装方便、维护简单、占地面积最小、引出端子数量最少，可实现全封闭一体化结构，环境适应能力强。元件数少，布置集中，易于实现智能化功能。

缺点：一旦故障即需整体停运，通常现场修理不便，不能很快恢复运行；相比常规的充油集合式电容器增加了充油单元间渗漏油的可能性。单台容量大，投运后通过改造方式调整容量不灵活。现有部分产品防误功能不完善，现场试验获得的状态信息少。

选型建议：鸟、蛇等异物短路风险较高，建设用地紧张及沿海等重污秽、重腐蚀地区的户外变电站可选用。户内变电站不建议选用，35kV 及以上电压等级不建议选用。

第 3 章 低压电抗器智能化提升关键技术

3.1 干式电抗器

3.1.1 简介

干式电抗器按结构形式划分，可分为干式空心电抗器和干式铁心电抗器；按用途划分，可分为并联电抗器和电容器组串联电抗器。低压并联电抗器的作用：削弱空载或轻载时长线路的电容效应，稳定电网的运行电压，改善供电质量；减少潜供电流，加速潜供电弧的熄灭。电容器组串联电抗器的作用：降低电容器组的涌流倍数和频率；与电容器组结合对某些高次谐波进行调谐，滤除这些谐波，提高供电质量；对电容器组起保护作用。

3.1.1.1 干式空心电抗器

如图 3-1 所示，干式空心电抗器由多个包封组成。其中，包封的材料多数是采用环氧树脂浸渍过的玻璃纤维，各包封之间用撑条支撑隔开形成散热风道，线圈的上、下端多使用星形架作为绕组的进、出线连接，并用拉纱方式将上、下星形架进行固定，在每个包封内部，充斥着不同规格的带有股间（匝间）绝缘的铝线，多根铝线以并联的方式紧密绕制，铝线之间通过相互粘接增加绕组的机械强度，而包封的外部则喷涂憎水性好、阻燃、防紫外线的涂料，以满足户外苛刻的运行条件。

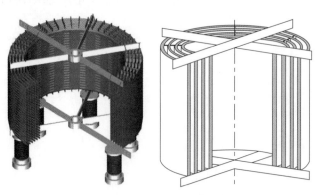

图 3-1 干式空心电抗器示意图

3.1.1.2 干式铁心电抗器

干式铁心电抗器结构与干式变压器类似，采用环氧树脂成型固体绝缘结构，一般为三相共体，以硅钢片为导磁介质，由环形铁轭、高填充系数的辐射式铁心柱组成三角形磁路结构。其线圈由多个包封组成，并以小截面多股玻璃丝漆包扁铜线平行并绕而成。包封间设置轴向散热气道，采用空气自冷却方式，如图 3-2 所示。

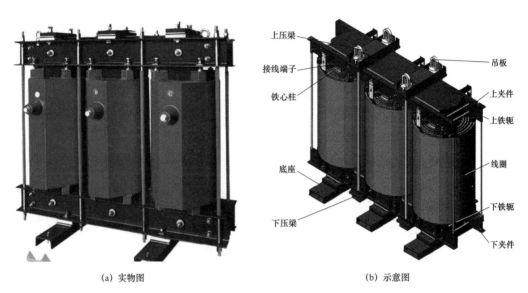

(a) 实物图   (b) 示意图

图 3-2 干式铁心电抗器实物与示意图

3.1.2 主要问题分析

3.1.2.1 按类型分析

对电力行业干式电抗器问题统计分析，共提出主要问题 8 大类、28 小类，如表 3-1 所示，主要问题占比（按问题类型）如图 3-3 所示。

表 3-1　　　　　　　　　　干式电抗器主要问题类型

问题分类	占比（%）	问题细分	占比（%）
匝间绝缘损坏	54.1	绝缘击穿起火	35.6
		包封表面开裂	12.7
		绝缘损坏导致起火	4.6
		风道脏污处局部放电导致绝缘损坏	1.2
发热	17.2	绝缘子、星架发热	5.8
		风机停运	2.3
		户内通风问题	3.4
		接地引下线发热	2.4

续表

问题分类	占比（%）	问题细分	占比（%）
发热	17.2	夹件绝缘老化、损坏	1.1
		屋顶发热	1.1
		线夹发热	1.1
振动噪声问题	13.8	噪声超标	4.6
		振动	2.3
		夹件松动	2.3
		绝缘损坏	1.1
		螺栓松动	1.2
		本体裂纹	1.1
		防护罩松动	1.2
引拔棒脱落	4.6	未引起故障	3.4
		引起短路	1.2
异物	3.4	鸟害	2.3
		小动物	1.1
过电压问题	2.3	投切时烧损	1.1
		铁心电抗器端部绝缘损坏	1.2
试验	2.3	匝间绝缘试验波形异常	1.1
		直流电阻超标	1.2
巡检问题	2.3	无检修空间	1.1
		无围栏无法巡视	1.2

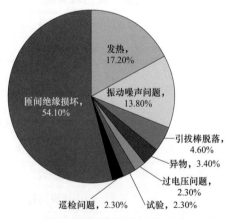

图 3-3 干式电抗器主要问题占比（按问题类型）

3.1.2.2　按电压等级分析

按电压等级统计，110kV 设备占 2.3%；66kV 设备占 12.6%；35kV 设备占 47.1%；10kV 设备占 32.2%；覆盖全电压等级设备占 5.8%。干式电抗器主要问题占比（按电压等级）如图 3-4 所示。

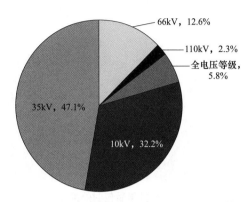

图 3-4　干式电抗器主要问题占比（按电压等级）

3.1.2.3　按设备类型分析

按设备类型统计，干式空心电抗器占 78.2%，干式铁心电抗器占 21.8%。干式空心电抗器存在全部 8 类问题；干式铁心电抗器存在发热、振动、过电压 3 类问题。

3.1.3　可靠性提升措施

3.1.3.1　防止电抗器绝缘损坏

（1）现状及需求。

干式空心电抗器经过长时间运行后，由于线圈受潮、局部放电、局部过热、绝缘老化等原因，出现较多的线圈匝间绝缘击穿故障。局部的匝间短路会造成很大的内部环流，使温度急剧上升，导致电抗器起火烧毁。

干式铁心电抗器由于浇注缺陷、长期过热、过电压等原因引起绝缘问题。

需要从选型、运维、检测等方面制订针对性措施，降低匝间短路故障率。

案例 1：110kV 某变电站户外电抗器运行几年后，由于长期暴露在空气中，受温度变化、雨水及紫外线影响，外绝缘脱落，如图 3-5 所示。

案例 2：35kV 某变电站 10kV 1 号电容器组用串联电抗器无防雨、防晒措施，A 相、B 相绝缘漆脱落，如图 3-6 所示。

案例 3：220kV 某变电站 10kV 干式空心串联电抗器出现外表包封龟裂，内部进水、匝间绝缘下降造成匝间短路，导线过热烧损，如图 3-7 所示。

案例 4：110kV 某变电站 10kV Ⅰ 段电容器过电流保护动作后，检查发现串联电抗器表面有烧损痕迹，电抗器绕组和铁心表面烧损，发现电抗器内部绝缘击穿造成短路。原因为电抗器耐热等级不足，仅为 B 级（130℃），而经计算短路 2s 后绕组的温度最高能达到 139℃，如图 3-8 所示。

图 3-5　运行多年后包封外绝缘脱落

图 3-6　运行多年后外绝缘漆脱落

图 3-7　外表包封龟裂　　　　图 3-8　耐热等级不足造成绝缘损坏

　　案例 5：某变电站户内干式铁心并联电抗器无通风装置，运行温度过高，加速绝缘劣化，如图 3-9 所示。

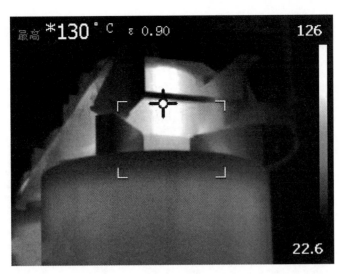

图 3-9　户内干式铁心并联电抗器存在运行温度过高的问题

（2）具体措施。

1）户外用干式空心电抗器，应选择合理配方的绝缘材料，相比传统酸酐固化体系（见图 3-10），采用咪唑固化体系（见图 3-11），以适合南北方不同的气温变化，有效提升防电蚀、防水解性能。

图 3-10　传统酸酐固化体系　　　　　　　图 3-11　咪唑固体体系

2）户外用干式空心电抗器出厂时各包封表面应喷涂 RTV-Ⅱ绝缘涂料。

3）根据干式空心电抗器包封表面绝缘劣化情况，各包封表面应及时进行 RTV-Ⅱ绝缘涂料的喷涂。

4）干式空心电抗器应采取防雨、防晒措施。500kV 及以上变电站的干式空心电抗器应加装防雨帽，如图 3-12 所示。

图 3-12 防雨帽

5）昼夜温差大、极寒地区选用干式电抗器时，应选用添加耐低温配方的环氧树脂绝缘材料。

6）停电检修时应对空心电抗器风道进行清理，避免异物阻塞、污闪、局部放电等现象的发生。

7）包封表面已经开裂比较严重的、温度分布异常的老旧电抗器应考虑进行更换。

8）加强带电检测。对于干式电抗器及其电气连接部分按周期要求进行红外测温和高温天气时的重点测温；积极应用紫外检测，及时发现局部放电、电晕等异常。带电检测计划应结合投运情况，避免连续多次检测时因设备未投运而失去对设备状态的掌控。

9）干式电抗器绝缘材料耐热等级应不低于 F 级（绝缘耐热 155℃）。

10）户内布置干式铁心电抗器宜设置对流通风装置，通风装置应保持运行良好，户内排风温度不应超过 40℃。户外布置时，不应选择干式铁心电抗器加外壳的方式。

11）干式电抗器室内安装时，应完善消防设施。如装设在线温度监控装置或烟火报警装置。

12）干式铁心并联电抗器绕组应选用高质量铜线，采用连续线避免焊触点。

3.1.3.2 防止漏磁影响

（1）现状及需求。

电抗器漏磁导致周边屋顶、地网、围栏等铁质部件发热的问题较多。需要针对漏磁问题制订提升措施，通过适当的选型和设计、提升安装工艺，防止漏磁发热问题。

案例：220kV 某变电站 35kV 干式空心并联电抗器在室内安装，投运后发现电抗器上部屋顶温度达 130 多摄氏度。原因为空心电抗器磁场在屋顶钢筋网产生环流，导致严重发热，如图 3-13 所示。

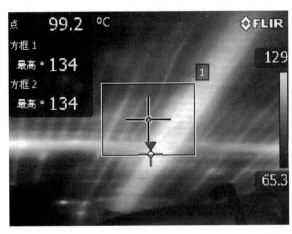

图 3-13　漏磁引起电抗器室屋顶发热

（2）具体措施。

1）无功装置户内布置时，应优先选用铁心电抗器。

2）干式空心电抗器下部支架环形水平接地扁铁禁止接成闭合回路，要留有断开点，防止漏磁导致运行时接地体长期发热，如图 3-14 所示。垂直引下线接地扁铁应考虑布置方向，尽可能减少磁场通过的面积，其厚度面宜正对电抗器中心，如图 3-15 所示。

图 3-14　环形水平接地扁铁开环（正确），垂直引下线接地扁铁厚度面
未正对电抗器中心（不宜，可沿水泥支柱表面旋转 90°）

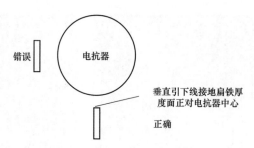

图 3-15　垂直引下线接地扁铁厚度面正对电抗器中心

3）空心电抗器围栏宜采用非导磁材料，如环氧树脂、铝合金；采用金属材料时，金属围栏禁止连接成闭合回路，应有明显的隔离断开段。

3.1.3.3　防止电抗器振动噪声问题

（1）现状及需求。

由于漏磁、铁心气隙影响，空心和铁心电抗器运行中均存在较大幅度的振动和噪声。干式铁心电抗器的噪声问题较为严重，甚至会造成部件松动和设备损坏。

需要从产品设计源头和减振两方面制订提升措施。

案例：10kV 某户外空心电抗器，运行中噪声突然增大，经查发现，因长时间振动，造成防护罩螺栓松动产生异声。

（2）具体措施。

1）电抗器铁心应经过特殊工艺处理，使得铁心片与片之间粘接牢固，再采用环氧浇注成型，使整个铁心成为一个紧固的整体，降低产品运行的噪声。

2）户内干式铁心电抗器设计时可考虑采用"贯通缝＋钢筋混凝土支墩"基础，减振降噪。安装时底座不应悬空，如图 3-16 和图 3-17 所示。

图 3-16　错误的悬空安装方式

图 3-17　正确的安装方式

3）干式铁心电抗器振动幅度较大，可考虑在安装过程中铺设减振垫以作为外部减振措施。减振垫厚度在 5~8cm 为最佳，能够有效地降地设备整体的振动幅度，且其安装成本相对较低。大容量干式铁心电抗器可考虑采用减振装置，如图 3-18 所示。

图 3-18　减振装置

4）停电检修或处理噪声过大时，应检查紧固件。频繁发生螺栓松动等问题的，应采用防脱扣螺帽，或涂抹防松胶，减缓螺栓松动产生。同时应检查风道里是否有异物。

3.1.3.4　强化设备质量管控

（1）现状及需求。

由于制造厂产品设计、工艺质量及出厂把关不严等问题，运行中多发生包封间引拔棒脱落问题；现场新设备交接试验不合格，如设备匝间绝缘隐患、直流电阻超标等。

需要制造厂改进工艺、加强质量监督并由甲方开展抽检，从源头上把控设备质量。

案例 1：500kV 某变电站交接试验中，在进行 35kV 低压电抗器试验中发现 A 相匝间绝缘试验波形异常，高、低压下波形衰减不同步，确定设备存在匝间绝缘不合格，如图 3-19 所示。

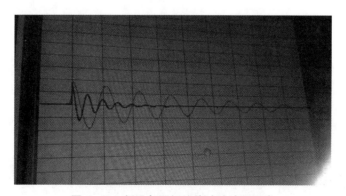

图 3-19　新设备匝间绝缘试验波形异常

案例 2：巡视发现某变电站 10kV 电容器路串联电抗器 B 相存在明显的引拔棒脱落现象，脱落有 5~8cm，如图 3-20 所示。

图 3-20　引拔棒脱落

案例 3：500kV 某变电站 35kV 3 号低压电抗器有撑条上下轻微移位，如图 3-21 所示。

图 3-21　撑条下移

（2）具体措施。

1）干式空心电抗器出厂应进行匝间绝缘耐压试验，如图 3-22 所示。交接及诊断性试验宜增加匝间绝缘试验项目，如脉冲振荡试验。

图 3-22　干式空心电抗器匝间绝缘检测

2）在干式空心电抗器绕制过程中应使用上、下端部有缺口的引拔棒，包封时用玻璃纱缠绕上、下缺口进行固定，杜绝引拔棒脱落问题。

3）根据招标批次和供应商供货情况，开展设备质量抽检。干式电抗器重点抽检匝间绝缘、温升试验、局部放电试验（铁心并联电抗器）。

3.1.3.5　防鸟及异物措施

（1）现状及需求。

设备故障案例中有多起飞鸟造成电容器极间或极对壳短路，小动物进入围栏，爬上装置造成电抗器不同电位间放电。

需要针对不同组部件设计统一的、效果优良的防鸟、防异物措施。

案例 1：500kV 某变电站 66kV 4 号电抗器 A 相烧损故障，原因为排泄的鸟粪及其他遗留物造成电抗器沿面放电，致使电抗器烧损，如图 3-23 所示。

图 3-23　鸟粪引起电抗器闪络

案例 2：35kV 某变电站发生一起电容器组短路跳闸事故，原因为黄鼠狼从网门爬入，造成电抗器短路。

（2）具体措施。

1）鸟害严重地区，户外干式空心并联电抗器应加装防鸟格栅，如图 3-24 所示。

图 3-24　干式空心电抗器防鸟格栅

2）为防止小动物窜入，户内通风孔的口径大小应当控制在一定范围；户外电抗器围栏网格尺寸应适当减小，或采用半封闭围栏（下半部分为封闭金属板），如图 3-25 所示。

图 3-25　半封闭围栏

3.1.3.6　优化并联电容器无功调整策略防止过电压问题

（1）现状及需求。

电压调整需求明显的区域，AVC 频繁动作，易产生过电压，造成电抗器损坏。

需要优化调整策略，避免电容器组频繁投切造成设备损坏。

案例：110kV 某变电站在进行电容器组投切试验时，过电压造成串联电抗器三相引线端部绝缘损伤，如图 3-26 所示。

图 3-26　操作过电压致使电抗器端部绝缘损伤

（2）具体措施。

1）电容器组串联电抗器的电抗率选择应根据系统谐波测试情况计算配置，必须避免发生谐波谐振或谐波过度放大。

2）应定期跟踪谐波，当附近电网或者用户发生变化时，需进行谐波测试，测试应每两年进行一次。

3）应优化 AVC 投切策略，优先投高电抗率的电容器组、切低电抗率的电容器组。

4）干式空心电抗器应安装在电容器组系统侧。干式铁心电抗器宜安装在电容器组中性点侧。

5）AVC 自动投切系统应保持各电容器组投切次数均衡，避免反复投切同一组，以延长使用寿命。

图 3-27　室内电抗器不便巡视

6）对于无功调整需求频繁的变电站，宜采用可控无功补偿装置，如 SVC、SVG。

3.1.3.7　优化布置与设计

（1）现状及需求。

干式电抗器因设计不合理，巡视、检修不便；存在运行隐患。

针对新安装的并联电容器组，需要提前考虑实际运行环境，在可研及设计阶段明确相关组部件的设计要求。

案例 1：220kV 某变电站电抗器室内布置，但未装设硬质遮栏，巡视时无法进入电抗器室，不利于电抗器的巡视与测温，如图 3-27 所示。

案例 2：10kV 电容器组固定遮栏未预留电抗器检修通道，电抗器检修时需拆除固定遮栏。如相邻电容器组遮栏高度不足，还需相邻设备陪停，如图 3-28 所示。

图 3-28　某电抗器未设置检修通道

案例3：220kV某变电站干式空心电抗器上方有引线，因电抗器着火冒烟、引线相间短路导致变压器跳闸，如图3-29所示。

图3-29　电抗器着火冒烟引起引线相间短路故障

案例4：750kV某变电站投运后，66kV干式空心电抗器连接部位多次产生异常发热，主要原因为振动导致螺栓钉松动、接触电阻变大，如图3-30所示。

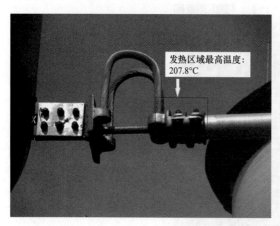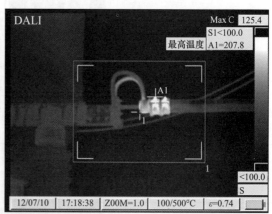

图3-30　引线过热情况

案例5：调研统计表明，干式空心电抗器发生匝间绝缘损坏，65%以上均发生起火燃烧。220kV袁家坝站10kV电容器组串联电抗器采取叠装方式，在运行过程中C相发生故障着火，火势蔓延，B相电抗器被一并烧损，如图3-31所示。

图 3-31　三相叠装导致故障扩大

（2）具体措施。

1）中低型布置的电抗器设备，应设置高度不低于 1.7m 的硬质围栏，确保巡视安全。

2）户外及户内电抗器应在四周或一侧设置维护通道，维护通道大宽度不宜小于 1.2m。

3）空心电抗器上方不应有引线，防止起火后引起相间短路。

4）干式电抗器引线应进行软连接处理，防止振动造成螺栓松动发热。

5）干式空心电抗器不应采用叠装结构，如图 3-32 所示。

图 3-32　干式空心电抗器采用的"叠装"与"一字"结构

3.1.4　智能化关键技术

通过对运检单位、制造厂家、科研机构调研，提出 4 项智能化关键技术。

3.1.4.1　推广干式电抗器采用换位导线

（1）现状及需求。

以往普通交流并联电抗器、串联电抗器多采用膜包圆铝导线，电抗器多设计为每大包封层内多小层导线并联缠绕结构，具有层间绝缘电压应力大、电流分布欠均匀、谐波损耗大和实际运行热点温升较高、导体本身局部缺陷不容易在生产过程中发现而形成质量隐患、机械强度低等缺点，虽然圆铝导线工艺简便，成本较低，但应用于电压较高、容量较大的并联电抗器效果并不是非常理想，膜包圆铝导线与绕线结构如图 3-33 所示。

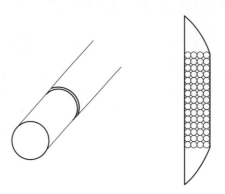

图 3-33　膜包圆铝导线与绕线结构

（2）技术路线。

鉴于膜包圆铝导线和普通非绝缘铝绞线的缺陷，为减少电流分布偏差，可采用全绝缘换位压方铝绞线。全绝缘换位压方铝绞线是由多根膜包单股线经过绞合压型后形成的多层排列相互绝缘的导线，经绞合压型后的导线再包以多层绝缘薄膜带和最外层复合绝缘带，如图 3-34 所示。

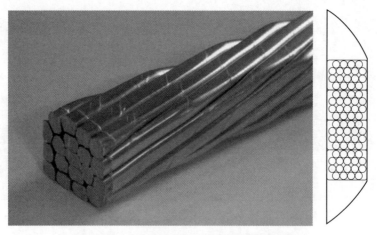

图 3-34　全绝缘换位压方铝绞线与绕线结构

全绝缘换位压方铝绞线是应用于电压较高、容量较大的干式并联电抗器绕组的理想材料。采用换位技术保证产品中每一根单线等长，有效降低了电抗器的涡流损耗和谐波阻抗。结构紧凑，减小了电抗器的体积。此外，经过内、外两层换位编织的导线，剔除了单丝导线本身存在的缺陷，降低了电抗器层间绝缘风险，加强了匝间耐压能力，同时使导线整体机械强度大大增加。

110kV 空心并联电抗器较多地采用全绝缘换位压方铝绞线。从导线的原材料选择到绞合成型，保证其主要工艺和性能是关键问题。

3.1.4.2　试点应用半心电抗器

（1）现状及需求。

户外干式空心电抗器存在漏磁、振动、外绝缘老化等问题；干式铁心电抗器无漏磁，但只能用于户内。

可采用干式半心电抗器产品，既有铁心电抗器的优点，又可用于户外。

（2）技术路线。

半心电抗器把传统铁心电抗器结构中的铁心柱放在空心电抗器的空心之中。它与传统铁心电抗器的不同之处在于，其铁心并不包围整个线圈而形成闭合回路，它巧妙地将铁心电抗器原来放置在心柱上的气隙转移到空心电抗器的线圈外部。由于铁心无须包围整个线圈，因此，节约了大量的铁心材料。它与干式空心电抗器相比体积减小了 30%~50%，电能损耗降低了 20%~30%。伏安特性近似线性。半心电抗器如图 3-35 所示。

图 3-35　半心电抗器

3.1.4.3　研究电抗器光纤温度在线监测

（1）现状及需求。

电抗器在运行中产生较大热量，温升大。高温会加速材料的老化，使其绝缘性能降低，从而缩短电抗器的使用寿命。因此，温升是保证电抗器质量和运行寿命的重要指标。但干式空心电抗器结构特殊，且处于高电压、大电流、强磁场的环境中，传感器的设计与安装存在较大困难。电抗器包封故障后的发热点位置具有不确定性，内层包封的温度无法红外测温，使得对电抗器的温度进行监测十分困难。

需要采用在线测温系统，能够在线监测电抗器温度，及早发现电抗器匝间短路后局部温度升高，及时报警和发出跳闸信号，阻止故障电抗器继续发热致烧毁，同时防止波及其他设备。

（2）技术路线。

目前主要有两种方法：一是连续分布全光纤技术；二是无线传感器技术。

采用连续分布全光纤技术对干式空心电抗器进行在线测温。连续分布全光纤测温技术具有连续分布、测温精确、耐高压、耐腐蚀、抗电磁干扰等优点。设备制造过程中即可将光纤铺设在干式空心电抗器线圈内，如图3-36所示。

图3-36　连续分布全光纤铺设在干式空心电抗器线圈内

采用无线传感器技术对干式空心电抗器进行在线测温。在包封表面布置多个温度传感器，将数据通过无线传输至处理器，如图3-37所示。

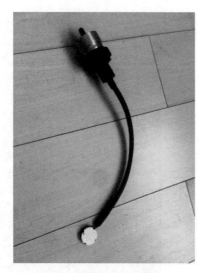

图3-37　无线测温传感器

预埋光纤技术在变压器绕组内已开展过较多的研究，测温装置的准确性、传输的可靠性都需要进一步研究。制造时，在绕制过程、环氧树脂固化过程中，光纤易断；运行中的振动、热胀冷缩，使光纤故障的可能性较高。无线测温传感器技术测量点固定而故障随机，监测范围受测量点布置限制。

3.1.4.4　研究空心电抗器匝间短路监测和新型保护

（1）现状及需求。

目前，在电力系统中并联电抗器主要是起过电流保护作用，不足之处在于电抗器发生匝间短路故障初期时，短路电流变化过小，达不到过电流保护1.5~2倍额定电流的整定值，因此，过电流保护无法启动。电容器组串联电抗器无专用保护。大多都是等看到浓烟后才手动将故障切除，这会造成电抗器严重烧毁，甚至着火燃烧，波及其他设备的安全。

需要研究一种灵敏度高、可靠性好的匝间短路保护。

（2）技术路线。

采集匝间短路故障前后电气量变化，利用谐波分析和准同步算法准确计算等值电阻和等值电抗变化，通过设置三相阻抗相对变化率阈值可实现匝间短路保护和监视。

难点在于准确采集到精确的电压电流实时参数，并克服操作过电压和温升的干扰。

3.2　油浸式低压电抗器

3.2.1　油浸式低压电抗器介绍

油浸式低压电抗器按用途划分，可分为低压串联电抗器和低压并联电抗器。油浸式低压并联电抗器用于削弱空载或轻载时长线路的电容效应，稳定电网的运行电压，改善供电质量；减少潜供电流，加速潜供电弧的熄灭。油浸式低压串联电抗器与电力电容器组组成无功补偿成套装置，降低电容器组的涌流倍数和频率；与电容器组结合对某些高次谐波进行调谐，滤除这些谐波，提高供电质量；对电容器组起保护作用。

油浸式电抗器结构与油浸式变压器基本类似，区别主要在于两个方面：一是没有二次绕组；二是铁心不形成闭环回路。以绝缘油作为主要绝缘和冷却介质，具有优异的绝缘性能和传热性能，如图 3-38 所示。

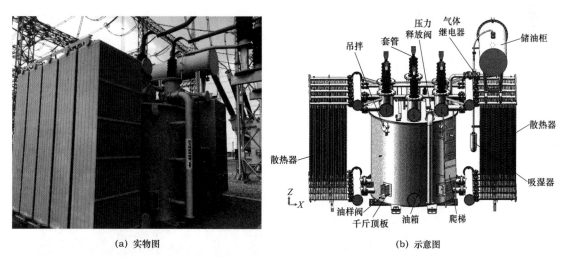

(a) 实物图　　　　　　　　　　　　　(b) 示意图

图 3-38　油浸式电抗器实物与示意图

3.2.2　主要问题分析

通过广泛调研，共提出油浸式低压电抗器 4 类主要问题，包括投切过电压问题、试验发现问题、渗漏和振动噪声问题。根据行业内数据统计，油浸式电抗器设备总量较少，低压油浸电抗器设备运行电压低、绝缘及散热技术成熟，故障率较低，以上 4 类问题的数量及占比不能说明其普遍性，此处不再进行分类统计分析。

经查阅大量文献、出厂说明、维护手册等内容，低压油浸电抗器主要存在如下问题：

1）绝缘问题。该类设备投运后即满负荷运行，因此运行温度高，线圈绝缘和绝缘油都容易老化。在运行中可能发生的故障有线圈与外壳间绝缘击穿、匝绝缘短路，三相电抗器还可能发生相间绝缘击穿故障。

2）渗漏油问题。该类设备普遍存在渗漏油的问题。渗漏油的原因主要是制造及安装工艺质量问题，运行中电抗器的振动也会导致渗漏油。

3）谐波影响问题。谐波是造成无功设备异常的主要原因之一，随着社会经济的不断发展，越来越多的电铁站、铝厂站等易产生高次谐波的变电站并网，连接 220kV 变电站甚至主网 500kV 变电站。这些变电站的接入给电网设备，尤其是无功设备带来了巨大的影响，不利于设备的安全稳定运行。

3.2.3 可靠性提升措施

3.2.3.1 全过程管控提升绝缘监测分析水平

（1）现状及需求。

该类设备运行温度高，绝缘易老化。

针对该类设备的验收应参照大型变压器验收过程进行，同时兼顾出厂材质试验报告的验收，从本质上提高设备的绝缘水平与安全运行水平。

案例：500kV 某变电站 35kV 电抗器投运一天后进行常规油色谱试验时，发现总烃为 $83.7\mu L/L$，初步判断设备内部存在低温过热缺陷，随后连续两天的跟踪检测总烃增加至 $98.8\mu L/L$，立即对该电抗器进行停电诊断试验，发现铁心和夹件之间绝缘电阻为 0。

对该台电抗器返厂吊罩检查，发现电抗器上部铁轭靠近三相压架旁的位置存在过热痕迹（见图 3-39），三相心柱最上端铁饼和铁轭之间的绝缘纸气隙垫板出现烧毁现象（见图 3-40），与试验情况相吻合。

图 3-39 电抗器上铁轭下表面过热现象　　　图 3-40 电抗器烧毁的气隙绝缘纸板

（2）具体措施。

1）应配置油位降低、温度升高、瓦斯、内部引出线的相间及单相接地、电流速断、过电流保护。其中电流速断保护带时限动作于跳闸；过电流保护整定值躲过最大负荷电流整定，带时限动作于跳闸。

2）严格控制安装工艺、真空注油工艺，确保设备安装过程可靠、可控。

3）绕组直流电阻、绝缘电阻、电抗值、工频耐压试验均合格，耐压试验前后进行绝缘油色谱比对分析。

4）对 30Mvar 及以上电抗器，运输中应安装三维冲撞仪。

5）电抗器绝缘油简化、色谱试验每年一次。

6）对于油位计、压力释放阀、油温表、气体继电器等二次接线盒，应加装防雨罩，且固定牢固，如图 3-41 所示。户外二次电缆安装固定应采用不锈钢式或其他具有户外长期使用性能的电缆夹具，严禁采用塑料带绑扎。

图 3-41　油温表防雨罩

7）油浸式电抗器呼吸器应有足够的通气容量，防止出现呼吸孔堵塞、呼吸异常等问题。

3.2.3.2　全面提高防渗漏能力

（1）现状及需求。

渗漏油问题是油浸式电抗器最易发生的缺陷类型，增加了运维工作量。提高电抗器设备整体密封效果，减少渗漏油缺陷的产生，可有效减轻运维检修工作量，同时避免严重渗漏造成的保护装置报警。

减少渗漏油缺陷需要在产品制造阶段选用更优异的密封材料和密封工艺，同时在出厂和安装阶段严格执行密封试验。

（2）具体措施。

1）密封胶垫应选用丁腈橡胶或丙烯酸酯等优质材料。

2）对电抗器局部高温位置的密封面处应选用耐高温密封件。

3）对于低温（-35℃以下）环境地区应选用氟硅橡胶等耐低温的密封件。

4）排油阀应采用不锈钢阀和耐油胶垫。

5）确保密封面平整、完好无损，槽垫匹配良好，密封垫安装入槽到位。

6）密封面使用压紧限位结构，紧固时采用规定紧固力矩，保证胶条受力在合理的范围内；法兰螺栓紧固时要保证两个法兰面无扭曲较劲现象，并对称、均匀紧固，直到密封垫压缩到位。

7）严格执行试漏工艺和密封试验。制造厂电抗器整体完整装配后开展密封性试验，出厂报告中提供装配、试验相关图片等资料。

8）加强运维管理，对本体、套管、分接开关（如有）、冷却装置、压力释放阀、气体继电器等部位进行渗漏检查。结合大修对密封胶垫进行有序更换，防止胶垫老化导致渗漏。

9）在安装新垫圈时必须监督关键工艺，需涂抹真空脂。

3.2.3.3 防止谐波问题影响

（1）现状及需求。

随着换流型元器件、变频器件、电气化铁路等非线性负荷的不断增多，以及风电、分布式电源的大量接入，造成电网三次及以上谐波成分较大，影响设备本身的安全性及电网的安全可靠性，如并联电容器装置的电抗率选择不当会引起系统的谐波放大。

电抗率为12%的油浸式电抗器相比电抗率为5%的油浸式电抗器，具有额定电压高、额定电流小；运行可靠性高；投切操作简单无须考虑投切顺序的优点。

（2）具体措施。

串联电抗率首选12%。从经济、安全性考虑，可采用5%和12%组合使用。单从设备运行可靠性、便利性考虑，可只采用12%。

3.2.4 智能化关键技术

通过对运检单位、制造厂家、科研机构调研，共提出2项智能化关键技术。

3.2.4.1 试点应用油浸磁屏蔽空心电抗器

（1）现状及需求。

户外干式空心电抗器存在漏磁、振动、外绝缘老化、无有效监测手段等问题；干式铁心电抗器无漏磁，但只能用于户内；油浸式电抗器成本高、质量重。

需开发一种新型电抗器，具有质量轻、成本低、无漏磁、环境适应性高的优点。

（2）技术路线。

油浸磁屏蔽空心电抗器是全新一代新型环保型电抗器，集空心电抗器和铁心电抗器优点于一身（如图3-42所示）。该电抗器无铁心，结构简单，主要由线圈、磁屏蔽、绝缘油和油箱等部分组成。绕组采用纸包换位铜导线，线圈结构形式多样，设计灵活，并可搭配分接开关设计成多抽头可调电抗器。整体设计在封闭且有磁屏蔽的铁质油箱内，解决了空心电抗器的漏磁问题，密封性能好，能够适应各种恶劣环境，可实现运行温度、油压力、瓦斯气体等的在线监测，较好地适应了智能化电网的发展要求。

发展应用广泛，可用作融冰电抗器、限流电抗器，接地电抗器、滤波电抗器、串联电抗器、SVC 电抗器等，也可广泛用于柔性输电和 500kV 高压乃至超高压变电站中。

图 3-42　油浸磁屏蔽空心电抗器

油浸磁屏蔽式空心电抗器与铁心和空心电抗器相比，具有以下优点：

1）具有良好的伏安特性线性度。

2）无电磁辐射污染。

3）噪声低。

4）可在线监控油温、压力、瓦斯保护，适应智能化要求。

5）与干式空心电抗器相比，占地面积小。

6）适应各种工况运行，包括污秽等级高的户外。

7）运行寿命长，全寿命成本低。

8）浸于油中，散热性好。

3.2.4.2　试点应用自耦调压器 + 串联电抗器一体化装置

（1）现状及需求。

部分变电站并联电容器分组容量过大，经常出现欠补偿、过补偿，投切次数比较频繁，无法快速满足功率因数和电压的要求，影响了系统稳定和产品寿命。

需要开发新型装置，减少电容器组投切次数，实现无功细调。

（2）技术路线。

如图 3-43 和图 3-44 所示，自耦调压器 + 串联电抗器一体化装置可实现电压调节型无功补偿技术，即通过自耦调压变压器调节电容器两端的电压进行无功补偿。装置根据电网系统的感性无功变化，依据 $Q=\omega CU^2$ 计算电网所需要补偿的无功功率，通过改变电容器两端电压及时调节补偿电容发出的无功功率。该补偿方式可实现无功细调,保证功率因数最佳,线损最小,大大提高补偿效果。

主要优点如下:

1)精准采集系统运行状态,动态调节电网无功、电压、功率因数;无功补偿调节精细,避免欠补偿、过补偿情况。

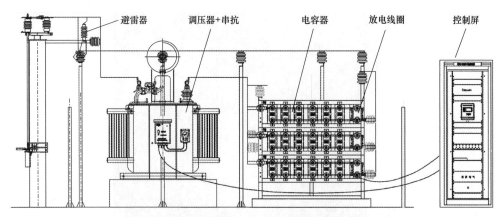

图 3-43　自耦调压器 + 串联电抗器一体化装置布置图

2)采用多元自适应无功预判控制策略,智能地变换调节方式,通过对实时采集的系统参数进行计算分析,得到最佳的调挡方式,避免投切振荡和过补偿的情况发生。

3)无需频繁投切电容器,合闸涌流及暂态过电压小,减少了对系统和运行设备的冲击。

4)制造厂将油浸铁心串联电抗器、油浸自耦变压器、油浸有载开关在一个箱体内连接、装配完成,用户现场设备数量少,安装、维护简单。

5)一体化设计,使得一次设备集成度更高,减少了外部链接,降低了故障概率。

6)整体体积减小,节约占地面积。

7)产品寿命长。

图 3-44　自耦调压器 + 串联电抗器一体化装置

3.3　低压电抗器类设备对比及选型建议

3.3.1　对比范围

对低压干式空心电抗器、干式铁心电抗器、油浸式电抗器的性能、可靠性、运维便利性等方面进行对比。

3.3.2　优缺点比较

3.3.2.1　性能对比

低压电抗器类设备性能对比如表 3-2 所示。

表 3-2　　　　　　　　　　　　低压电抗器类设备性能对比

性能＼设备		干式空心电抗器	干式铁心电抗器	油浸式电抗器
适用环境		户外	户内	户外或户内
适用电压等级		6~110kV	6~35kV	6~110kV
布置方式		独立单相	三相一体	三相一体
三相容量	35kV	≤ 2400 × 3kvar	≤ 4800kvar	≤ 60000kvar
	66kV	≤ 2400 × 3kvar	—	≤ 60000kvar
损耗		1.2~1.9 倍	1 倍	1 倍
漏磁		存在漏磁问题,对周围设备、设施有影响	漏磁较小,对周围设备、设施无影响	漏磁极小
振动 / 噪声		较小	比空心电抗器大,与油浸式电抗器相近	比空心电抗器大,与铁心电抗器相近
受环境影响		户外布置,易受小动物、异物的影响	户内布置,受环境影响小	有油箱,受环境影响小
耐热等级		F 级(155 度)	F 级(155 度)	A 级(105 度)
过励磁能力		有较好的过励磁能力	比空心电抗器差,与油浸式电抗器相近	比空心电抗器差,与铁心电抗器相近
海拔适应性		高海拔地区抗紫外线能力较差	三相一体且绝缘为空气绝缘,海拔适应性较差	无影响
温度适应性		环氧材料特性导致适应性一般	铜和环氧材料膨胀系数不同,适应性较差	采用密封结构,适应性较好
耐污秽性能		相当	相当	相当
抗震能力		可满足 9 级烈度	可满足 9 级烈度	可满足 9 级烈度

3.3.2.2　安全性对比

低压电抗器类设备安全性对比如表 3-3 所示。

表 3-3　　　　　　　　　　低压电抗器类设备安全性对比

安全性 \ 设备	干式空心电抗器	干式铁心电抗器	油浸式电抗器
对人身影响	存在起火风险	存在起火风险	存在起火、喷油风险
对电网影响	如起火，波及范围小	如起火，波及范围小	如起火，波及范围大

3.3.2.3　可靠性对比

低压电抗器类设备可靠性对比如表 3-4 所示。

表 3-4　　　　　　　　　　低压电抗器类设备可靠性对比

可靠性 \ 设备	干式空心电抗器	干式铁心电抗器	油浸式电抗器
故障概率	高，易发生匝间绝缘故障，进而引起环氧包封起火	中，发生铁心涡流可造成金属构件发热，进而引起环氧包封起火	低
故障恢复时间	5~7 天	7~10 天	15~20 天
问题及主要缺陷	外绝缘龟裂、发热、鸟害	发热、振动	渗漏油
运行监控	无专用保护及监控手段	无专用保护及监控手段	有非电量保护、油温及油位监测
制造工艺和质量控制（工厂）	工艺简单：绕线包封、固化、引线焊接	工艺较空心电抗器复杂：绕线浇注、固化、引线焊接、铁心制作、绝缘件制作、组装	工艺较铁心电抗器复杂：绕线、干燥、引线焊接、铁心制作、绝缘件制作、油箱制作、组装、抽真空、注油

3.3.2.4　便利性对比

低压电抗器类设备便利性对比如表 3-5 所示。

表 3-5　　　　　　　　　　低压电抗器类设备便利性对比

便利性 \ 设备	干式空心电抗器	干式铁心电抗器	油浸式电抗器
安装便利性	质量轻	质量较干式空心电抗器重	质量较干式铁心电抗器重
运维便利性	红外测温	红外测温	巡视油位、渗漏油、呼吸器，红外测温

续表

便利性＼设备	干式空心电抗器	干式铁心电抗器	油浸式电抗器
检修便利性	检修基准周期为 3 年，包含设备外观、绝缘电阻、直流电阻等 3 个检修项目	检修基准周期为 3 年，包含设备外观、绝缘电阻、直流电阻等 3 个检修项目	检修基准周期为 3 年，包含设备外观、绝缘电阻、直流电阻、介质损耗因数、吸收比、油务分析等 6 个检修项目

3.3.2.5　一次性建设成本

低压电抗器类设备一次性建设成本对比如表 3-6 所示。

表 3-6　　　　　　　　　低压电抗器类设备一次性建设成本对比

建设成本＼设备		干式空心电抗器	干式铁心电抗器	油浸式电抗器
采购成本	110kV 同容量	1 倍	—	2~3 倍
	35kV 同容量	1 倍	1.5~2 倍	2~3 倍
	10kV 同容量	1 倍	1.5~2 倍	2~3 倍
占地成本		1 倍	0.3 倍	0.5 倍

3.3.2.6　后期成本

低压电抗器类设备后期成本对比如表 3-7 所示。

表 3-7　　　　　　　　　低压电抗器类设备后期成本对比

后期成本＼设备	干式空心电抗器	干式铁心电抗器	油浸式电抗器
运维成本	运行中主要开展红外检测	运行中主要开展红外检测	运行中除开展红外检测外，还需巡视记录油位、气体继电器、呼吸器，一年一次进行油样采集油色谱分析
检修成本	检修基准周期为 3 年，包含设备外观、绝缘电阻、直流电阻等工作，检修工作量 2 人·时。4~5 年喷涂一次 PRTV 绝缘材料	检修基准周期为 3 年，包含设备外观、绝缘电阻、直流电阻等工作，检修工作量 2 人·时	检修基准周期为 3 年，包含设备外观、绝缘电阻、直流电阻、介质损耗因数、吸收比等工作，日常运维中需更换呼吸器硅胶，检修工作量 4 人·时
更换成本	损坏后可单相更换	损坏可维修或整体更换	损坏可维修或整体更换

3.3.3　优缺点总结及选型建议

3.3.3.1　干式空心电抗器

优点：采购、运维成本低；运维工作量小；无铁心，抗饱和能力强；户外安装比较方便。

缺点：占地面积较大；绝缘包封易老化；存在漏磁影响；损耗大；易受环境影响；4~5年需喷涂一次 PRTV 绝缘材料。

选型建议：新建或改造敞开式变电站，户外安装宜选用干式空心电抗器或油浸式电抗器。昼夜温差大、极寒地区选用干式电抗器时，厂家应在设备设计、工艺中采取针对性措施。

3.3.3.2　干式铁心电抗器

优点：户内运行可靠性较高；基本不存在漏磁问题；维护检修工作量少；占地面积小；损耗小。

缺点：环境适应性差；投资费用较高；伏安特性差。

选型建议：新建或改造敞开式变电站，户内安装宜选用干式铁心电抗器或油浸式电抗器。干式铁心电抗器不应在户外布置。

3.3.3.3　油浸式电抗器

优点：运行可靠性较高；环境适应性好；散热性能较好；占地面积小；损耗小；有可靠的保护监测手段。

缺点：存在渗漏问题；运维工作量大；初期投资大；起火后波及范围大。

选型建议：新建或改造敞开式变电站，户外运行条件恶劣，优先选用油浸式电抗器。

第 4 章 静止无功补偿装置智能化提升关键技术

4.1 静止无功补偿装置

4.1.1 简介

静止无功补偿装置主要包括静止无功发生器（static var generator，SVG）及静止无功补偿器（static var compensator，SVC）。

SVG 是柔性交流输电技术的主要设备之一，其核心是基于大功率电力电子器件的电压源型逆变器，通过连接电抗器或者连接变压器并联接入电网中。通过控制电压源型逆变器的输出电压来控制设备向系统中注入的无功的大小和方向。SVG 可以快速连续地提供容性无功功率和感性无功功率，通过适当的电压和无功功率控制，可以有效保障电力系统稳定、高效、优质的运行，是现阶段电力系统最先进的无功补偿技术，SVG 原理图及实物图如图 4-1 和图 4-2 所示。

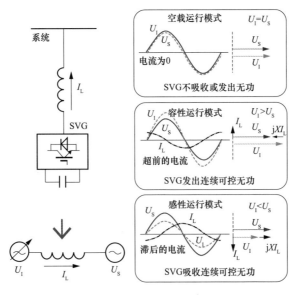

图 4-1 SVG 原理示意图

图 4-2 SVG 实物图

    SVC 可分为晶闸管投切电容器（TSC）型、晶闸管相控电抗器（TCR）型（原理图和实物图见图 4-3 和图 4-4）和磁阀式可控电抗器（MCR）型（原理图和实物图见图 4-5 和图 4-6），其中应用最广泛的是 TCR 型和 MCR 型。晶闸管相控电抗器（TCR）型基本工作原理是通过控制 TCR 支路中晶闸管的触发延迟角，来改变流经电抗器支路的电流，从而得到不同的无功功率。MCR 与 TCR 类似，区别在于 MCR 是通过磁阀控制电抗器。由于 TCR 和 MCR 本身只能输出感性无功，在系统需要容性无功时就需要与传统的电容器组来配合，通过投切断路器来控制电容器组的投入与切出，动态感性无功补偿和固定容性无功补偿装置结合使用，使系统的无功补偿要求得到满足。SVC 广泛用于输电系统波阻补偿及长距离输电的分段补偿，也大量用于负载无功补偿。

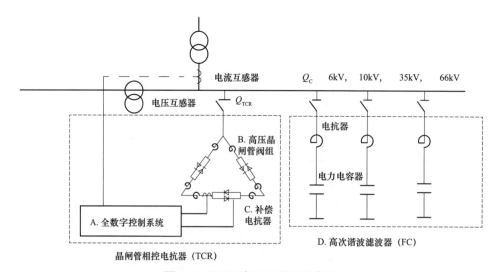

图 4-3 TCR 型 SVC 原理示意图

图 4-4　TCR 型 SVC 实物图

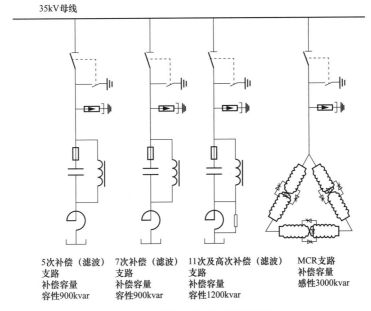

5次补偿（滤波）　7次补偿（滤波）　11次及高次补偿（滤波）　MCR支路
支路　　　　　　支路　　　　　　支路　　　　　　　　　补偿容量
补偿容量　　　　补偿容量　　　　补偿容量　　　　　　　感性3000kvar
容性900kvar　　 容性900kvar　　 容性1200kvar

图 4-5　MCR 型 SVC 原理示意图

图 4-6　MCR 型 SVC 实物图（磁控电抗器）

4.1.2　主要问题分析

4.1.2.1　按类型分析

对电力行业静止无功补偿装置问题统计分析，发现 SVG 问题占 69.2%，SVC 问题占 30.8%。共提出 3 大类，9 小类问题，如表 4-1 所示，主要问题占比（按问题类型）如图 4-7 所示。

表 4-1　　　　　　　　　静止无功补偿装置主要问题类型

问题分类	占比（%）	小类	占比（%）
产品设计	77	SVG 功率模块可靠性低	15.4
		SVC 晶闸管阀组可靠性低	15.4
		水冷系统问题	15.4
		防水密封问题	7.7
		通风散热问题	7.7
		电压短时跌落 SVG 闭锁或跳闸	7.7
		防误安全隐患	7.7
工程设计	15	通风散热问题	15
运维问题	8	通风散热问题	8

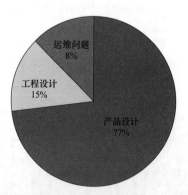

图 4-7　静止无功补偿装置主要问题占比（按问题类型）

4.1.2.2　按电压等级分析

按电压等级统计，66kV 设备占 54%；35kV 设备占 23%；10kV 设备占 23%。主要问题占比（按电压等级）如图 4-8 所示。

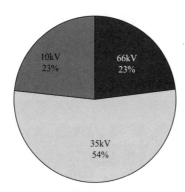

图 4-8　静止无功补偿装置主要问题占比（按电压等级）

4.1.3　可靠性提升措施

4.1.3.1　提升功率模块可靠性

（1）现状及需求。

功率模块是 SVG 主电路中最核心的部分，提升其可靠性对提升成套设备的可靠性至关重要。功率模块核心组件、结构、电气部分等设计不合理、检验不充分将影响整套设备的可靠运行：

功率模块中的控制板卡属于二次器件，部分厂家未考虑板卡的防护设计（防潮湿、防盐雾、防霉菌），运行过程中出现大量板卡故障，需要增加对板卡的三防工艺处理。

部分厂家功率模块结构设计杂散参数过大，关断过电压较高，容易造成 IGBT 损坏，需要考虑优化结构设计，降低杂散参数，减小功率模块关断过电压。

部分厂家未严格进行功率模块的测试检验，出厂产品存在质量隐患，需严格按照相关标准进行型式和出厂测试。

案例 1：某站 049 断路器所带 3 号 SVG、051 断路器所带 5 号 SVG 跳闸，故障录波器显示 049 断路器 3 号 SVG A1 模组和 051 断路器 5 号 SVG A6 模组板卡电源故障。经分析确认故障点为电源模块板卡防护不足，潮湿情况下出现短路，如图 4-9 所示。

图 4-9　功率模块电源板卡受潮短路

案例 2：某站 7 号 SVG 运行过程中 SVG 模块故障态出现，SVG 保护动作。5 号 SVG 事故跳闸 B6 模块报 IGBT1、2 故障，随后报 SMC 电源故障。经检查确认 IGBT 因过电压损坏，如图 4-10 所示。

图 4-10　IGBT 因过电压损坏

（2）具体措施。

1）功率模块中的板卡应喷涂三防漆，恶劣环境下需考虑涂胶或密封处理。

2）模块关断过电压、额定直流电压及电压最大波动之和不超过功率器件 VCE。

3）功率模块用直流电容器应采用干式薄膜电容器。IGBT 应选用第四代及以上产品，具备测温功能。

4.1.3.2　提升 SVC 晶闸管阀组可靠性

（1）现状及需求。

部分厂家 SVC 晶闸管阀组电压、电流裕度和绝缘水平不足，不能满足现场运行要求，造成晶闸管损坏引起 SVC 跳闸，需通过改进阀组结构和电气设计，提升阀组的运行可靠性。

（2）具体措施。

1）设备厂家在 SVC 晶闸管阀组设计时保证晶闸管电压和电流的裕度大于等于额定运行参数的 2.2 倍。

2）设备厂家在 SVC 晶闸管阀组设计时增加晶闸管串联个数的冗余度大于等于 10%（阀组晶闸管在失效 10% 情况下仍能保证阀组电压电流裕度大于等于额定运行参数的 2.2 倍）。

3）设备厂家在晶闸管阀组设计时需考虑运行环境的影响，包括海拔修正、污秽等级等要求，采取 S 形光纤槽设计增加爬电距离，并做等电位处理减少局部放电风险。

4.1.3.3　提升控制系统与阀组或功率单元通信可靠性

（1）现状及需求。

控制系统与阀组或功率单元之间通过光纤连接，光纤布线经过设备本体电缆夹层时常出现被老鼠咬断的情况，导致通信中断，设备跳闸，需要加强光纤防护，提高通信可靠性。

（2）具体措施。

1）规范现场施工要求，对设备本体电缆夹层进行封堵，防止小动物进入。

2）在阀组所需光纤总数基础上增加 10% 的备用光纤设计，光纤故障时可快速消除。

4.1.3.4　优化水冷系统设计

（1）现状及需求。

部分设备水冷系统存在散热系统容量不足问题，无法达到快速降温的效果，水温过高会引发设备动作跳闸；部分水冷系统在设计阶段未考虑低温适应性，在冬季时会发生水冷系统水管冻裂的问题，导致设备无法正常运行。需要结合运行环境参数，考虑水冷系统在极端温度下的运行设计要求。

案例 1：某变电站 SVC 水冷系统配置 3 组风机，全部投入运行，而 SVC 系统仍发生冷却水温度过高跳闸。运行单位增加 1 组风机后，未再发生类似案例，如图 4–11 所示。

（a）增加风机前　　　　　　　　　　　　　（b）增加风机后

图 4–11　SVC 水冷系统配置风机

案例 2：220kV 某变电站现有一套 SVC 设备，2012 年投运，2016 年 10 月，SVC 设备水冷系统户外水管冻裂，如图 4–12 所示。

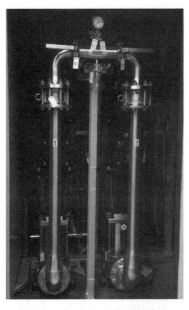

图 4–12　SVC 水冷系统管道

（2）具体措施。

1）准确提供设备运行环境参数，包括环境温度、海拔、湿度、地震烈度等，其中环境温度值应与现场运行环境实际情况保持一致，如存在极端温度情况的，项目单位需提供当地气象局近三年的气象报告。

2）水冷系统散热设计需考虑极端温度运行环境下满载输出的散热要求。

3）在低温地区，水冷系统需考虑防冻设计，按表 4-2 配置防冻液。

表 4-2   乙二醇水溶液配比及冰点对应表

质量浓度（%）	15	25	32	38	43	48	51	55	58
冰点（℃）	-5	-10	-15	-20	-25	-30	-35	-40	-45

4.1.3.5 提升柜体防误

（1）现状及需求。

部分 SVG 装置通往单元模块和装置内部自带断路器的箱门无防误闭锁，存在安全隐患，需要增加防误闭锁功能，提升运行安全性。

（2）具体措施。

1）生产厂家应在 SVG 装置功率柜柜门增加电气防误闭锁功能。

2）运维单位在设备投运前应配置五防锁。

4.1.3.6 规范通风散热系统设计

（1）现状及需求。

风冷型 SVG 需要良好的通风散热保障其正常运行，但由于产品设计和工程设计存在不足，造成通风散热系统存在一系列问题，如 SVG 室百叶窗未安装滤网，无法防止风沙雨雪进入；百叶窗滤网无法更换，灰尘、柳絮等长期附着在滤网上堵塞通风口，导致功率模块散热不良；通风口堵塞后室内形成负压，造成雨雪经门窗或管道与墙壁的缝隙吸入室内，造成设备绝缘降低；通风口布置位置不合理，处于设备带电区域内，清扫维护不便。

需要对通风散热设计进行改进，加强对通风冷却系统的运维工作，保证通风散热效果。

案例：66kV 某变电站静止无功发生器 SVG 设备共跳闸 12 次，SVG 设备投运后频繁跳闸。厂家现场处理发现，因 SVG 设备滤尘网长期积灰导致集装箱式 SVG 功率柜内部无法散热，箱内温度过高，且雨水沿柜门进入湿气无法散出，导致 SVG 内部功率单元板锈蚀，如图 4-13 所示。

（2）具体措施。

规范进出风口设计：

1）根据设备通风量和风速的要求确定有效进风面积。

2）按环境情况对进风口进行防护设计，采用百叶窗加滤网方式，滤网设计需便于更换。

图 4-13　SVG 设备滤网堵塞

3）合理布置进出风口位置，采用对角布置方式；进风口位置需考虑不停电更换滤网的维护要求。

4）采取 SVG 室或箱体风道与墙体 / 箱体、门窗与墙体 / 箱体的密封措施，防止雨雪因负压被吸入 SVG 室或箱体内部。

5）SVG 设备应采用可不停电更换型功率柜滤网。

4.1.3.7　提高设备检测试验标准

（1）现状及需求。

SVG 工程应用迄今已近十年，但相关的标准制定相对滞后，导致标准执行不到位，造成厂家在设备检测试验中存在欠缺，如型式试验项目不全，试验机构权威性不足；试验设备不完备，出厂试验项目不规范等问题。

需要对产品生产的全过程加强管控，提高设备检测试验标准，避免质量不合格产品入网，提高设备运行可靠性。

（2）具体措施。

1）设备制造厂家应提供具备检测资质的第三方机构出具的型式试验报告，试验项目齐全，满足 DL/T 1215《链式静止同步补偿器》、DL/T 1216《配电网静止同步补偿装置技术规范》要求。

2）加强设备驻厂监造及出厂试验管理，要求生产厂家提供型式试验、性能检测、成套老化试验报告。

3）严格出厂试验标准，设备交接时生产厂家应提供模块测试报告（满载对冲 8h），或提供整机满载测试报告。

4）生产厂家在设备制造过程中应增加对关键元器件的抽检，并在设备交接时提供抽检报告。

4.1.3.8　提升现场运维能力

（1）现状及需求。

SVC 和 SVG 设备运行维护要求不同于变压器、电容器等常规的电力设备，现场运行维护经验不足，存在运维不到位的情况，如设备未按要求定期清扫，风冷设备进风口堵死引起 SVG 室负压，吸入雨雪，导致设备短路；水冷设备维护不到位，散热不足引起设备过温跳闸等。现阶段电力系统相关设备的运维规程规范和制度不完备，需要补充完善并落实，以提升 SVC 和 SVG 的现场运维能力，保障设备安全稳定运行。

案例：某变电站 5 号 SVG 250、6 号 SVG 252 退出运行，经检查，发现柜门处灰尘堆积，风机无法启动，清扫后设备正常运行，如图 4-14 所示。

图 4-14　SVG 柜门灰尘堆积

（2）具体措施。

1）制定 SVC 和 SVG 设备现场运维规程和试验规程，明确巡视、清扫、例行试验的项目、周期、标准。

2）加强日常运维工作，对于采用强制风冷的设备定期进行滤网及功率模块的清扫，柳絮、沙尘环境下应缩短清扫周期。

3）水冷系统户外换热器定期维护清扫，柳絮、沙尘环境下应缩短清扫周期。

4）对采用水冷方式的 SVC 或 SVG 设备，阀组 / 功率模块也需要定期清扫，清扫周期可适当加长。

4.1.3.9　提升 SVG 设备检修和试验的便捷性

（1）现状及需求。

SVG 现场运维经验不足，当设备出现缺陷故障时，运维人员难以快速定位故障和处理，设备恢复运行时间长。需要配备专业工具，提升设备检修和试验能力。

部分项目工程布置设计不合理，未设计合理的维护检修通道，不便于运维人员现场检修维护。需要明确设计要求，预留合理的维护检修通道。

（2）具体措施。

1）配置专用的检测工具（功率模块测试仪）和检修专用工器具，方便进行故障定位和维修。

2）现场放置备用模块或常用板卡备件，便于故障更换。

3）工程前期设计时应考虑预留合理的维修通道。

4.1.4　智能化关键技术

通过对运检单位、制造厂家、科研机构调研，共提出 5 项智能化关键技术。

4.1.4.1　推进 SVG 在分布式电源并网变电站的应用

（1）现状及需求。

新能源发电日益发展，分布式新能源汇集站也越来越多。新能源发电存在波动性大、动态无功支撑能力不足等特点。在分布式电源并网变电站，采用现有的固定无功补偿无法满足电压稳定和功率因数的要求，因此，需要推进 SVG 设备在分布式电源并网点的应用工作。

SVG 应用于分布式电源并网变电站时建议配置如下：

根据 IGBT 的规格型号，建议约束 IGBT 电压等级和额定电流，并采用标准化的选型方案，在此基础上推荐 SVG 容量如下：

1）10kV：3/5/8/10Mvar。

2）35kV：8/10/15/30/60Mvar。

散热方式推荐：密闭空调风冷或密闭水冷方式。

（2）技术路线。

1）可以进行无功双向动态连续调节，可同时替代电容和电抗，无过补偿及欠补偿，补偿效果更好。

2）产品无油设计，无爆炸和着火风险；保护完备，可在故障时快速可靠切除，不会引起事故扩大。

3）设备投切无冲击，可有效提高投切断路器寿命。

4）标准化设计，设备的总体技术指标固定，可以进行招标的统一规划。

4.1.4.2　推进采用密闭型设计结构实施工作提高 SVG 设备的可靠性

（1）现状及需求。

现阶段设备多采用直通风外循环散热方式，设计简单，设备造价低，但是对环境及运维的要求高。在风沙大、潮湿等环境下，设备极易出现板卡积灰、凝露的情况；运维如果不及时，进风口极易堵死，造成户内负压大，进风不足，雨雪飞溅等情况，对设备运行极为不利，导致 SVG 故障率升高。

考虑 SVG 运行的场合环境一般比较恶劣,运维工作量很大,SVG 成套装置建议采用全密闭式设计,SVG 所在空间不直接与室外进行空气交换。SVG 运行中产生的热量由空调或水冷系统进行热交换,将热量排出室外。

(2)技术路线。

SVG 安装所在空间采用全密闭式设计,极大提高其耐候性。采用密闭设计的 SVG 可以稳定运行于空气湿度大、盐雾浓度大、有腐蚀性气体或空气中灰尘较多等各种恶劣环境。SVG 室基本无需清扫,运维工作量和难度大大降低。

4.1.4.3 试点应用 SVG 换流器功率模块的冗余设计

(1)现状及需求。

SVG 换流器采用模块化多电平级联结构,换流器由若干功率模块串联组成。其运行可靠性与功率模块的可用率、级联数量及冗余设计有关。目前受限于市场竞争的成本压力,大部分 SVG 产品未采用冗余设计,在采用低电压等级 IGBT 器件时,换流器级联单元数量多,使换流器整体可靠性进一步降低。

冗余设计,指 SVG 换流器在常规级联单元数目基础上,额外配置冗余功率模块,所有功率模块均配置旁路断路器。SVG 级联型换流器设置一定比例的冗余模块,是进一步提高其运行可靠性的关键措施之一,如图 4-15 所示。

建议 SVG 设备功率模块的冗余度为 10%。

图 4-15　采用冗余设计的换流器

(2)技术路线。

在功率模块存在异常时自动闭合其旁路断路器,使其退出运行,冗余模块退出运行不影响换流器整体性能,换流器可继续保持额定输出能力。

SVG 换流器采用冗余设计,可显著提高 SVG 的整体运行可靠性,减少设备强迫停运次数,提高并网在线利用率。

4.1.4.4　研究 SVG 设备降损技术

（1）现状及需求。

SVG 运行时满载损耗约为 1.5%，由于设备容量较大，绝对损耗值比较可观，需要考虑提高设备效率，减小设备损耗。

SVG 的损耗包括本体阀组损耗、设备散热系统损耗和控制系统损耗。

本体阀组损耗与 IGBT 开关频率有关，可通过优化控制策略降低 IGBT 开关频率，降低阀组损耗；另外，SVG 轻载时可考虑设备闭锁，损耗大幅降低。

目前大部分 SVG 采用强制风冷散热方式，结构设计简单，但风机无调速，无论设备轻载或重载，风机均满载运行，存在噪声大、平均损耗大的问题，可考虑增加变频调速功能，根据 SVG 输出容量调节风机风速，降低损耗和噪声。

（2）技术路线。

SVG 设计中，通过优化控制策略，无需增加成本即可降低 IGBT 损耗，提高设备效率。

对于强制风冷型散热方式，增加变频调速功能，可有效降低冷却系统功耗，并降低噪声。

该技术难点在于控制策略的改进需要生产厂家根据自身控制系统和单元调制技术开展研究。

4.1.4.5　研究系统电压暂态过程中 SVG 的支撑技术

（1）现状及需求。

目前大部分 SVG 在并网电压跌落时不能保证并网输出额定无功电流，主要是 SVG 的电气参数和控制策略设计不能满足系统异常的要求。

1）SVG 电气参数设计无法满足系统故障时的要求：设备的拓扑及并网方式、电压输出裕量不足、设备电流输出裕量不足等。

2）SVG 控制策略设计不当：目前通用的控制策略均基于系统电压平衡的前提，系统电压跌落后，系统电压不平衡将导致直流电压稳定控制异常（全局及相内直流电压平衡控制异常）引起设备跳闸。

3）软硬件保护设定值不允许 SVG 在低电压穿越下工作：直流过电压定值、系统过电压保护、不平衡保护、过电流保护保护、容量限定等保护的设定值限定 SVG 无法在低电压穿越情况下工作。

针对以上问题需要对 SVG 的控制策略和主电路设计进行研究，以实现电压暂态时的无功支撑功能。建议采用如下措施：

1）对 SVG 的拓扑及主电路设计进行暂态适应性研究，确定可行方案及适用范围。

2）对 SVG 控制策略进行研究，优化系统电压异常时链式 SVG 直流电压控制效果。

3）根据低电压穿越要求重新标定控制器软硬件保护定值。

（2）技术路线。

通过对系统电压暂态过程中 SVG 的支撑技术研究，提升 SVG 在暂态过程中的性能，更好地支撑系统电压恢复。目前，针对该功能没有相应的检测手段，难以验证功能实际效果。

4.2 高压无功补偿类设备对比及选型建议

4.2.1 对比范围

无功补偿设备包括电容器成套装置、SVG 及 SVC。下面对电容器成套装置、静止无功发生器及静止无功补偿器进行对比。

4.2.2 优缺点比较

选用典型电容器、SVG、SVC 作为对比的对象。

4.2.2.1 性能对比

高压无功补偿类设备性能对比如表 4-3 所示。

表 4-3 高压无功补偿类设备性能对比

性能 ＼ 设备	电容器	SVC		SVG
		MCR	TCR	
补偿原理	通过投切电容器成套装置实现固定容量无功补偿	控制磁通的饱和程度改变等效电感值，从而控制电感吸收的无功功率	控制晶闸管的触发角控制电感吸收的无功功率	利用可关断器件，借助 VSC 主回路拓扑结构，将直流电压逆变成交流电压，通过连接变压器或电抗器耦合到交流系统中
无功补偿能力	发送固定容性无功	0%~100%，无级调解	0%~100%，无级调解	±100%，无级调解
谐波畸变率	无	中等	大	小
闭环响应时间	数秒	100~200ms	40~60ms	10ms 以内

4.2.2.2 损耗对比

高压无功补偿类设备损耗对比如表 4-4 所示。

表 4-4 高压无功补偿类设备损耗对比

设备	电容器	SVC		SVG
		MCR	TCR	
损耗（%）	约 0.2	2~3	1~1.5	1.2~1.5

4.2.2.3 过载能力对比

高压无功补偿类设备过载能力对比如表 4-5 所示。

表 4-5 高压无功补偿类设备过载能力对比

设备	电容器	SVC		SVG
		MCR	TCR	
过载能力	强	过载能力弱，可以参考主变压器	过载能力较强	过载能力强，达 10% 以上

4.2.2.4 一次性建设成本

高压无功补偿类设备一次性建设成本对比如表 4-6 所示。

表 4-6 高压无功补偿类设备一次性建设成本对比

设备 建设成本	电容器	SVC		SVG
		MCR	TCR	
占地面积	小	大，其输出至电网的电流具有较大成分的谐波，必须配备 5、7、11、13 乃至更高次的滤波器，而每一组滤波器都是由大容量电容电抗构成，占地与核心部分（MCR）相当	大，其输出至电网的电流具有较大成分的谐波，必须配备 5、7、11、13 乃至更高次的滤波器，而每一组滤波器都是由大容量电容电抗构成，占地与核心部分（TCR）相当	采用电压源逆变器为核心，通过脉冲宽度调制技术使装置输出电流的正弦度非常好，无需配备庞大的滤波器，因此占地约为同容量 SVC 的 1/3~1/2
设备成本	约 20 元 /kvar	30~40 元 /kvar	30~40 元 /kvar	60~70 元 /kvar

4.2.2.5 运维成本

高压无功补偿类设备运维成本对比如表 4-7 所示。

表 4-7 高压无功补偿类设备运维成本对比

设备	电容器	SVC		SVG
		MCR	TCR	
运行维护成本	装置构成简化，运维成本低	装置由固定式电抗器与晶闸管构成，运维成本较高	装置由固定式电容器与晶闸管构成，运维成本较高	装置采用模块化，IGBT 管件冗余构成，运维手段欠缺，运维成本较低

4.2.2.6 环境友好性

高压无功补偿类设备环境友好性对比如表 4-8 所示。

表 4-8　　　　　　　高压无功补偿类设备环境友好性对比

设备	电容器	SVC		SVG
		MCR	TCR	
环境影响	运行噪声低，配套电抗器电磁污染大	相当于主变压器运行噪声，噪声大，电磁污染大	运行噪声小于 70dB，电磁污染小	运行噪声小，电磁污染小

4.2.3　优缺点总结及选型建议

4.2.3.1　电容器成套装置

优点：结构简单、价格便宜，具有提供容性无功支撑的能力，在负荷稳定或变化较慢时有良好的补偿效果，占地面积小、损耗低。

缺点：无功补偿只能分组补偿，不能连续调节。

选型建议：仅有容性无功需求的常规变电站可选用。

4.2.3.2　静止无功发生器（SVG）

优点：可对频率和大小都变化的谐波或变化的无功功率进行补偿，对补偿对象的变化有极快的响应；可以吸纳无功；精准电压控制；受电网阻抗的影响不大，不容易和电网阻抗发生谐振；占地面积小。

缺点：缺少验收、试验手段，对设备管控能力不足，运维经验较少，缺乏相关规程。

选型建议：负荷多为波动干扰源的变电站；新能源汇集站；适合电缆出线较多、对感性无功、容性无功同时需求的变电站选用。

4.2.3.3　静止无功补偿器（SVC）

优点：动态跟踪无功变化，跟踪速度可达 20ms，不发生过补偿、无投切振荡和无冲击投切，可以应用于大容量场合。

缺点：占地面积大；晶闸管的冷却系统必须带电运行，水冷运行维护成本高，风冷效率低；自身产生的谐波大。

选型建议：需要大容量动态无功补偿的变电站选用。

第5章　高压套管智能化提升关键技术

5.1　瓷质油套管

5.1.1　简介

变压器套管是变压器箱外的主要绝缘装置，变压器绕组的引线通过套管引出，实现引线之间及引线与变压器外壳之间的绝缘，同时套管起固定引线的作用。

套管内绝缘主要有油浸纸电容型、环氧树脂胶浸纸干式、玻璃钢干式、纯瓷等形式，外绝缘主要有瓷质外绝缘和硅橡胶复合外绝缘等形式，套管分类见表5-1。

表 5-1　　　　　　　　　　　交流瓷质套管分类统计表

套管内绝缘	套管外绝缘
油浸纸电容型	瓷外绝缘
	硅橡胶复合外绝缘
纯瓷式（非电容型）	瓷质外绝缘
环氧树脂胶浸纸干式（装配间隙填充物为电缆膏、固化发泡材料和SF_6气体等	瓷外绝缘
	玻璃钢筒硅橡胶复合外绝缘
	硅橡胶伞裙粘贴外绝缘
	环氧树脂车削式外绝缘
玻璃钢干式电容型	硅橡胶伞裙粘贴外绝缘
玻璃钢干式非电容型	硅橡胶伞裙粘贴外绝缘

瓷质油套管包含瓷质油浸纸电容型套管和纯瓷套管（序号为1、2、3）。如图5-1所示，瓷质油浸纸电容型套管主要由同轴包绕的电容屏进行分压，主要由瓷套、导电杆、电容屏、绝缘电缆纸、绝缘油、储油柜、均压球、安装法兰、接线端子、均压环等部件构成，多用于

35kV 及以上电压等级。

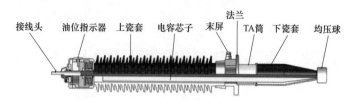

图 5-1　瓷质油浸纸电容型套管示意图

纯瓷套管电压等级较低，通过瓷套可以满足绝缘要求。主要由瓷套、导电杆、接线端子等部件构成，多用于 35kV 及以下电压等级，如图 5-2 所示。

(a) 示意图　　　　　　　　　　(b) 实物图

图 5-2　纯瓷套管示意图

油浸纸电容型套管按导流结构形式可分为导杆式、穿缆式、拉杆式、穿杆式四种形式，如图 5-3 所示。

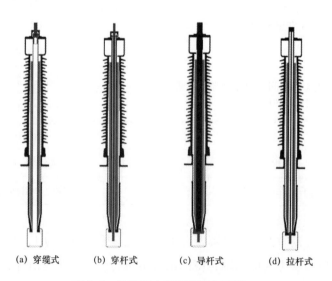

(a) 穿缆式　　(b) 穿杆式　　(c) 导杆式　　(d) 拉杆式

图 5-3　油浸纸电容型套管示意图

5.1.2　主要问题分析

5.1.2.1　按类型分析

对电力行业瓷质油套管问题统计分析，发现电容型套管问题占 92.6%；纯瓷套管问题占 7.4%，包括套管过热、渗漏油、末屏异常、受潮、绝缘异常等主要问题，如表 5-2 所示。

表 5-2　　　　　　　　　　交流瓷质套管主要问题数量统计表

套管类型	占比（%）	问题	占比（%）
电容型套管	92.6	过热	23.6
		末屏异常	13.5
		外部渗漏油	11.5
		绝缘异常	8.2
		内漏	4.7
		进水受潮	4.0
		观察窗不清或损坏	4.0
		其他	23.1
纯瓷套管	7.4	外部渗漏油	4.0
		过热	2.0
		其他	1.4

35kV 及以上电容型瓷质套管共有 8 类问题，主要问题占比（按问题类型）如图 5-4 所示。

纯瓷套管共有 3 类问题，基本都是渗漏油、接头过热等，主要问题占比（按问题类型）如图 5-5 所示。

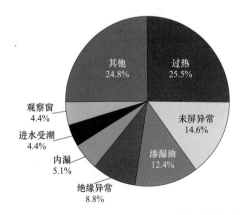

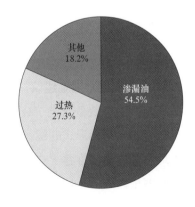

图 5-4　电容型套管主要问题占比（按问题类型）　　图 5-5　纯瓷套管主要问题占比（按问题类型）

5.1.2.2　按电压等级分析

交流瓷质油套管各类问题按电压等级分析，如表 5-3 所示。

表 5-3　　　　　　　各电压等级交流瓷质油套管问题分类

电压等级（kV）	问题性质	占比（%）
1000	发热、其他	2.0
750	渗漏油、其他	2.0
500	过热、渗漏油、受潮、末屏、其他	9.5
330	过热、末屏、观察窗、其他	3.4
220	末屏、渗漏油、绝缘异常、过热、观察窗、受潮、其他	33.1
110	过热、末屏、渗漏油、绝缘异常、受潮、观察窗、其他	29.7
66	过热、渗漏油、绝缘异常、受潮、观察窗、末屏、其他	12.8
35 及以下	渗漏油、过热、其他	7.5

各电压等级问题套管数量与占比（按电压等级）如图 5-6 所示。

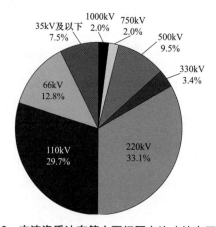

图 5-6　交流瓷质油套管主要问题占比（按电压等级）

5.1.3　可靠性提升措施

5.1.3.1　通用提升措施建议

（1）应采购生产装备先进、技术研发能力过硬、服务质量优异的供应商的产品，具有相同电压等级、相同结构形式的运行业绩。

（2）地震高发地区推荐干式复合绝缘套管，化学重腐蚀地区推荐采用瓷质套管。

（3）严寒地区如需采用油浸电容型套管，应对绝缘油和套管密封胶垫提出低温下的性能要求，如采用 45 号油、氟硅橡胶密封等。

（4）生产厂家应针对各类缺陷异常开展优化设计和新技术研究。进行深入研究，消除新产品在设计制造中的缺陷。

（5）加强设备制造过程的过程管控，建立随机抽样检测机制，提升对产品质量的掌控程度。

（6）套管供应商应提供产品结构图，便于运维单位培训、检修及缺陷处理等。

（7）对于交流电容型套管，优先采用导杆结构的电容型套管，不宜采购穿缆等其他型式的套管，有效避免运行中发生引线分流、将军帽过热现象。

（8）对与变压器套管相连的长引流线，当垂直高差较大时要采取引流线分水措施，防止发生雨闪；对与变电站高压电气设备相连的长引流线，应保持合适弛度，防止风偏造成单相接地或相间短路故障。

（9）充油套管的油位指示器应清晰，安装时确保三相油位指示器朝向一致，易于观察。

（10）瓷质绝缘套管应按要求在出厂前喷涂 PRTV 等防污闪涂料，如图 5-7 所示。

图 5-7　套管厂内喷涂 PRTV

（11）伞裙应采用大小伞，伞裙的宽度、伞间距等应符合 IEC 60815 的规定。

（12）如套管的伞裙间距低于规定标准，应采取加辅助伞裙等措施，防止雨（雪）水闪络。对加装辅助伞裙的套管，应定期检查伞裙与瓷套的粘接情况，防止粘接界面放电造成瓷套损坏。

（13）在严重污秽地区运行的变压器，可考虑在瓷套涂防污闪涂料等措施，如图 5-8 所示。

图 5-8　套管现场喷涂 PRTV

5.1.3.2 全面提升防止套管过热能力

（1）现状及需求。

套管运行中引线连接部位过热是最常见的缺陷，严重时会烧断引线，危及电网安全。套管过热的主要形式为接线端子接触不良导致发热、穿缆引线铜头与将军帽接触不良导致过热等，处理套管接头过热需要将变压器退出运行。

需要从套管选型、安装工艺管控、运行巡视等方面解决套管过热问题。

案例1：某110kV变电站红外测温发现2号主变压器进线套管A相一次引线接线板处发热，温度最高达到97℃。现场检查发现该套管一次接线板线夹接触面所涂导电膏已经干涩并产生了一层厚厚的氧化层，氧化层几乎占据整个接触面，导致接触电阻过大、发热，处理后缺陷消除，如图5-9所示。

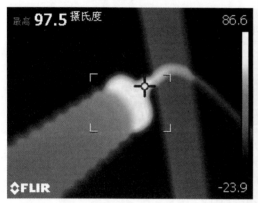

图5-9 导电膏涂抹过多导致接头过热

案例2：某500kV主变压器在进行红外测温时发现其图谱异常，套管油位计显示低油。将套管吊出后发现套管尾椎铝制法兰处有五处裂纹。由于这些裂纹，导致套管油渗漏并与变压器本体油联通，如图5-10所示。

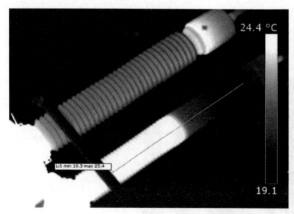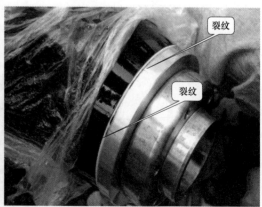

图5-10 套管缺油内漏发热

（2）具体措施。

1）套管将军帽与导电杆螺扣必须紧固到位，防止导电杆接触不良过热。

2）用规定的力矩扳手进行螺栓紧固，并做防松标记。

3）均匀薄涂导电膏，控制涂抹剂量，用不锈钢尺刮平，再用百洁布擦拭干净，使接线板表面形成 0.2~0.3mm 的导电膏薄层。

4）均衡牢固安装，应先对角预紧，再用规定力矩拧紧，保证接线板受力均衡。

5）推荐选用导杆式套管，能有效避免穿缆式套管运行中将军帽内螺扣发生过热，如图 5-11 所示。

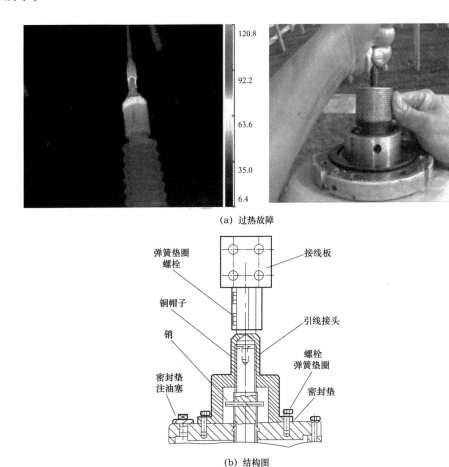

图 5-11　穿缆式套管将军帽过热故障及结构图

6）对于油位异常的套管，应利用红外热成像监视套管油位，可避免因缺油导致的套管过热。

5.1.3.3　提升套管密封性能，避免渗漏油（含内漏）

（1）现状及需求。

套管渗漏油分为套管外部渗漏油和内漏。套管外部渗漏油表现为套管上部将军帽处渗油、安装引线拉力过大导致渗漏油等。套管内漏表现为套管瓷套与法兰铁瓷结合处密封不良，当储油柜较高时，主变压器本体绝缘油流入套管；套管较高时套管油位下降；套管密封垫老化导致渗漏油等。

需从密封材料的选择、提高安装工艺等方面解决渗漏油问题。各类密封材料对比如表5-4所示。

表 5-4　　　　　　　　　　　各类密封材料对比

特性	丁腈橡胶	丙烯酸酯橡胶	氟硅橡胶
温度使用范围（℃）	−45~105	−30~180	−60~200
耐严寒性能	一般	一般	好
老化性能	老化性能较差，在臭氧浓度较高或紫外线较强的区域极易发生龟裂	老化性能良好，可用于臭氧浓度较高或紫外线较强的区域	老化性能优异，可用于臭氧浓度较高或紫外线较强的区域
成本（以丁腈橡胶为基准）	—	2~3 倍	15 倍

案例 1：220kV 某主变压器中压 110kV A 相套管红外检测发现温度异常，确定为内漏。进行详细彻底检查后发现，位于套管下瓷套底部均压环内部分隔套管与本体油的密封橡胶垫圈由于质量问题出现龟裂，导致螺栓松动，套管内部的油通过缝隙直接与变压器本体油接触，由于套管内部压力，套管油渗入到本体中，形成内部漏油问题，如图 5-12 所示。

图 5-12　密封垫龟裂

案例 2：220kV 某变电站 1 号主变压器，2014 年 10 月 27 日停电检修，发现高压 B 相套管内漏，套管油与变压器本体联通。拆下套管检查，发现密封胶垫老化，密封不良，严重渗油，如图 5-13 所示。

案例 3：220kV 某变电站 4 号主变压器，2009 年 11 月投运。2015 年 4 月 21 日，运维人员对变电站进行例行巡视，发现 4 号主变压器 220kV 侧 A 相套管上部渗油，沿上部伞裙有油滴落，约为 1 滴 /s，属于危急缺陷。原因为套管 O 形圈在装配时，储油柜盖板倾斜角度向下，O 形圈与铝管端部倒角处受力不均，造成严重磕伤，如图 5-14 所示。

图 5-13　套管密封不良内漏

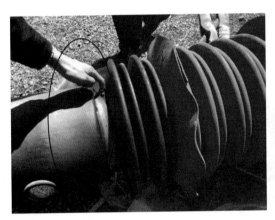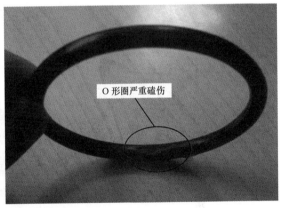

图 5-14　套管损伤渗漏油

（2）具体措施。

1）生产厂家应提高对瓷质套管组部件、原材料质量进行严格把关，对密封胶垫、螺栓等进行抽检工作。

2）制造厂不仅要选择优质的密封橡胶材料，还要在密封胶垫的尺寸、形状等方面认真研究，如采用双道密封、异型密封垫等。对于严寒地区推荐选用氟硅橡胶做密封材料。

3）制造厂应对密封面的加工严格要求，必须保证密封面的平整、无杂质，确保密封部位不对胶垫产生硬性损伤，导致渗漏油。

4）制造厂在套管注油前应开展 0.2MPa、24h 的压力密封试验和负压试验，并提供出厂试验报告，如图 5-15 所示。

5）加强套管安装工艺管控，套管安装时注意检查引线弛度及套管端子受力情况，避免因引线拉力过大，导致瓷质套管发生形变和渗漏油，如图 5-16 所示。

图 5-15　套管厂内密封试验

图 5-16　套管受水平拉力过大密封垫外溢漏油

6）采用硬母线连接的 35kV 及以下套管应加装软连接，防止套管因过度受力引起的渗漏油，如图 5-17 所示。

图 5-17　硬母线与套管之间的软连接

7）采用弹簧压紧结构的套管，在极端温度条件下的压紧力应保证套管整体密封性能。

5.1.3.4　合理选择末屏接地形式，提升末屏接地可靠性

（1）现状及需求。

套管末屏是电容型套管的最外层电容屏，运行时必须保证可靠接地。常见的末屏异常为末屏接地不良、密封不良造成进水受潮，以及接地铜套卡涩造成末屏虚接地、悬浮放电等。

需从选型、运维等方面解决以上问题。

案例 1：220kV 某变电站 2 号主变压器（型号为 SFP11-120000/220，2007 年 4 月出厂）在进行局部放电试验时发现 C 相局部放电量异常（高压常规现场交接试验均合格），A、B 相局部放电偏大，C 相起始电压很低时局部放电量为 10000pC，波形显示为悬浮放电，原因为 C 相低压套管末屏接地不良。将老式末屏更换后缺陷消除。

案例 2：220kV 某变电站 1 号主变压器高压套管试验时发现末屏接地装置烧坏。因末屏设计原因，在多次试验后压紧弹簧容易疲劳，导电杆产生毛刺导致卡涩，造成末屏接地不良，长时间高压悬浮电位造成末屏烧蚀，如图 5-18 所示。

(a) 烧损前

(b) 烧损后

图 5-18　末屏烧损前后对比图

（2）具体措施。

1）新采购的套管，应选用新型末屏接地桩（见图 5-19），不宜采用弹簧压接式（见图 5-20）等接地桩。

(a) 实物图

(b) 结构示意图

引线护套

图 5-19　油浸纸电容型套管末屏新式结构图

(a) 实物图

1—抽头盖；2—接地套；3—引线柱；
4—密封垫；5—弹簧；6—铜螺帽；
7—绝缘垫；8—末屏座

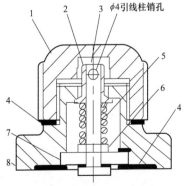
(b) 结构示意图

$\phi4$引线柱销孔

图 5-20　油浸纸电容型套管弹簧压接式末屏结构图

2）在套管的运输和安装过程中，应避免套管末屏遭受外力冲击，防止末屏接地引出连接不良，出现放电。

3）末屏选用圆柱弹簧压接式接地结构的套管，在检修试验后应采用万用表检查末屏接地是否良好，结合停电对末屏结构进行改造（雷诺尔结构的 1 台变压器工期为 2h）。

4）对于早期采用小套管末屏引出结构的套管（见图 5-21），在试验时要高度注意螺钉紧固不能用力过大，造成小导杆转动将内部引出线扭断；试验完毕后应将接地端锈蚀、油漆等处理干净，保证可靠接地。

图 5-21　早期小套管末屏引出结构的套管

5）加强套管末屏接地检测、检修及运行维护管理，防止试验和检修期间操作不当造成末屏开路故障。

6）推荐采用具有末屏抽头和电压抽头的双末屏结构，末屏抽头运行中始终保持可靠接地，电压抽头用于安装套管在线监测装置，即使电压抽头出现异常，也不会导致套管故障，如图 5-22 所示。

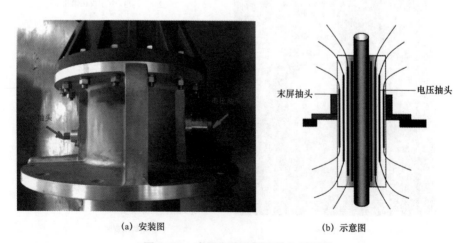

(a) 安装图　　　　　　　　　(b) 示意图

图 5-22　末屏在线监测安装与示意图

7）变压器套管末屏安装在线监测装置的，其安装位置不能高于瓷套最后一片伞裙，防止闪络放电。

5.1.3.5　加强套管试验检测，解决内部绝缘缺陷

（1）现状及需求。

套管内部绝缘材料主要是绝缘纸和变压器油，因此，绝缘材料的绝缘性能对套管的安全运行至关重要。由于制造厂干燥不彻底、密封不严进水受潮、内部局部放电导致套管出现绝缘缺陷和故障。

套管绝缘缺陷早期表现形式为：色谱异常、介质损耗、电容量不符合规程要求。

案例 1：66kV 某变电站 2 号主变压器，2016 年 10 月 23 日例行试验发现主变压器 A 相高压套管介质损耗为 1.59%，超出规程标准（1%），且比上次试验数据明显增长。原因为 A 相高压套管可能存在内部放电导致高压套管绝缘油劣化。不合格套管于 2016 年 11 月 4 日更换，变压器交接试验合格后已投运。

案例 2：66kV 某变电站 2 号主变压器大修试验时测量高压套管 A 相 C_x（pF）值为 187.9，$\tan\delta\%$ 值为 0.722。上次试验 C_x（pF）值为 184.6，$\tan\delta\%$ 值为 0.339，数值明显增长，绝缘下降明显，高压套管运行中存在隐患，随后更换 A 相套管，主变压器恢复运行。

（2）具体措施。

1）对套管的交接试验报告进行审核，密切关注绝缘电阻、介质损耗、电容量等试验数据的合理性，杜绝缺陷设备入网运行，同时交接试验报告应妥善保存，作为原始资料以便日后对比分析。

2）利用设备停电机会，对套管进行试验检查，如进行介质损耗、电容量分析等。对搬迁后的变压器按新投变压器管理，投运一年内进行试验检查。

3）对于新套管投产前应做油色谱分析，留存试验数据，当怀疑有异常时，在厂家指导下取油样进行色谱分析。

5.1.3.6　提高油位指示器的可视性

（1）现状及需求。

如图 5-23 所示，套管油位指示器一般有表针指示器、圆窗指示器、管式指示器等形式，表针指示器由于刻度较密，指针细小，不易于远距离观察；圆窗指示器有机玻璃窗易老化、裂纹，影响油位观察，容易造成渗漏。管式指示器容易渗漏油，表面污秽，影响油位观察。提升油位指示器可视性要在产品制造阶段对油位指示器材质、尺寸进行明确。

案例：66kV 某变电站 1 号主变压器，2016 年 12 月 3 日，运维人员日常巡视发现 66kV B 相套管油窗碎裂，初步判断为观察窗材质不良，发生皲裂，已于 12 月 3 日当日更换完毕，如图 5-24 所示。

（2）具体措施。

1）220kV 及以下套管宜采用圆窗式油位指示器，材质推荐采用高硼硅玻璃代替有机玻璃。

(a) 双圆窗式

(b) 单圆窗式

(c) 指针式

(d) 管式

图 5-23　套管油位指示器分类

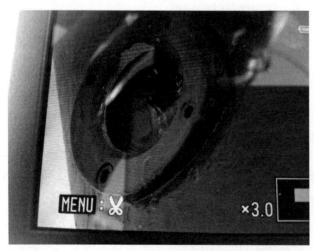

图 5-24　观察窗破裂

2）220kV 及以上应采用指针式油位指示器，指示器应将刻度加大，指针加粗，便于远距离观察。

3）结合停电对由于脏污导致显示不清的油位指示器进行清洁。

5.1.4　智能化关键技术

通过对运检单位、制造厂家、科研机构调研，共提出 5 项智能化关键技术。

5.1.4.1　标准化提升措施建议

（1）规范、简化套管的型号，将各电压等级套管形式和种类简化为 2~3 种，减少备品储备量与投资，实现备品的通用性。如 220kV 套管目前额定电流有 630、1250、1600、2000、2500、3150、4000A 等，简化为 2500A 和 4000A。

（2）规范、简化导流形式，导杆式、穿缆式、拉杆式、穿杆式等统一采用导杆式。

（3）套管法兰安装尺寸进行统一规定，如 220kV 套管孔径为 270mm，安装法兰中心距为 500mm，固定螺栓数量为 M24×12；500kV 套管孔径为 390mm，安装法兰中心距为 660mm，固定螺栓数量为 M24×16。套管法兰结构示意图如图 5-25 所示。

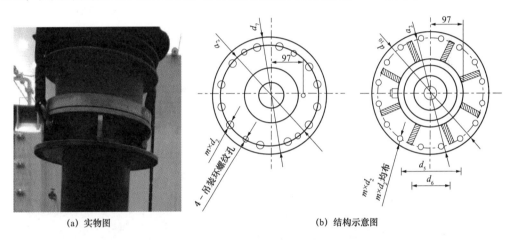

(a) 实物图　　　　　　　　　　(b) 结构示意图

图 5-25　套管法兰实物图和结构示意图

（4）固化套管整体长度、油侧套管长度及套筒长度等：如 220kV 总长为 5040mm，油中长度为 1880mm，套筒长度为 760mm；500kV 总长为 8445mm，油中长度为 2160mm，套筒长度为 750mm。套管外形长度结构示意图如图 5-26 所示。

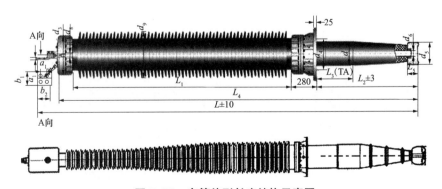

图 5-26　套管外形长度结构示意图

（5）固化套管外绝缘统一为 E 级，包括固化伞裙数量、爬距、大小伞裙尺寸等。

5.1.4.2 套管介质损耗及电容量在线监测研究及应用

（1）现状及需求。

目前，国内变压器套管安装在线监测装置数量较少，各个监测仪器的生产厂家技术水平参差不齐，对套管运行状态依靠红外测温、停电试验等传统技术手段，无法实时监测套管的运行状态。

对套管的在线监测主要是介质损耗和电容量，介质损耗是表征套管是否受潮的重要指标，当套管介质损耗偏大时，说明套管绝缘材料受潮或存在受潮风险，通过在线监测介质损耗可反映出整个绝缘的分布性缺陷，例如，运行中套管绝缘的受潮和老化。电容量是表征电容型套管电容屏是否完好的重要指标，当电容量变化较大时，说明套管电容屏损坏或异常。

介质损耗及电容量在线监测技术可以监测变压器套管的运行状态，提前发现套管内部的隐形缺陷及隐患，及时更换处理，避免套管爆炸、起火等突发事故发生。建议 750kV 及以上电压等级套管末屏加装在线监测装置，对套管的介质损耗和电容量进行在线监测，提高套管运行可靠性。现场末屏安装后的实物图如图 5-27 所示。

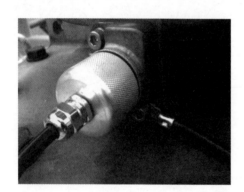

图 5-27　现场末屏安装后的实物图

（2）技术路线。

新套管应加装电压抽头（次末屏），利用电压抽头连接在线监测装置，以确保接地末屏的安全可靠，如图 5-28 所示。

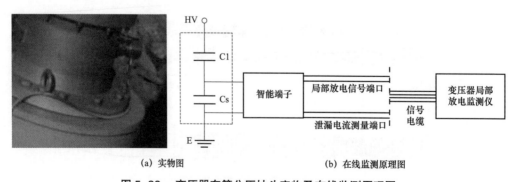

(a) 实物图　　　　　　　　　(b) 在线监测原理图

图 5-28　变压器套管分压抽头实物及在线监测原理图

优化国内各在线监测装置生产厂家的技术原理、安全可靠性、测量准确度及环境适应能力等方面，在系统内经过试运行逐步推广。

5.1.4.3　套管接头过热监测

（1）现状及需求。

套管发热是当前套管异常中数量最多的问题，原因为安装工艺不良、穿缆式套管结构问题、套管内漏导致油位下降等。监测套管过热主要依靠红外精确测温，运维工作量大，无法实时监测。如测温时套管未发生过热，难以发现异常情况，同时需要运维检修人员具有较高的专业技术水平。

（2）技术路线。

套管过热前后对比如图 5-29 所示。利用电力设备接头过热记忆监测装置对套管过热开展监测工作，可以节省大量的运维工作量，无需投入大量资金，安装便利。结合停电检修，将在线监测装置安装在套管接线板上，运行人员巡视中发现历史过热情况，可及时消除缺陷。

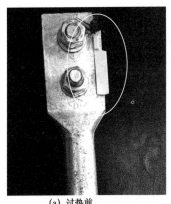
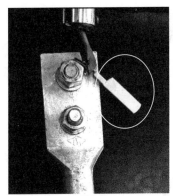

(a) 过热前　　　　　　　　　　　(b) 过热后

图 5-29　套管过热前后对比

5.1.4.4　套管局部放电在线监测研究及应用

参照干式玻璃钢套管相关章节执行。

5.1.4.5　油纸电容型套管温度、压力在线监测技术

（1）现状及需求。

油纸电容型套管技术成熟，广泛应用于 220kV 及以上电压等级。由于其内绝缘结构复杂，故障率较高，当内部出现绝缘异常时，油纸绝缘系统可能会产生气体，内部压力增大或温度升高。

需要进一步研究套管内部的温度及压力的测试技术，早期发现套管内部异常情况。

（2）技术路线。

实时监测套管内部温度及压力的变化情况，当温度及压力异常变化时，说明套管内部可能发生过热、局部放电、绝缘击穿等缺陷，及时采取应对措施。

5.2 电容型复合绝缘套管

5.2.1 简介

电容型复合绝缘套管有胶浸纸瓷外套和硅橡胶复合外套两种形式，也包括环氧树脂浇注车削式套管、油—SF_6 套管及油—油套管。

环氧树脂电容型胶浸纸套管的内绝缘为环氧树脂胶在真空状态下浸渍以绝缘纸缠绕的电容芯子并经过固化而成，该套管结构紧凑、无油、免维护、无燃烧及爆炸的危险。

5.2.1.1 环氧树脂胶浸纸电容型瓷质（瓷外套）套管

环氧树脂胶浸纸电容型瓷套管可以水平、垂直或以任何角度安装，耐腐蚀能力强。胶浸纸芯体与瓷套的装配间隙采用电缆膏、干式固体填充胶、SF_6 等物质填充，如图 5-30 所示。

图 5-30 环氧树脂胶浸纸电容型瓷质套管结构示意图

5.2.1.2 环氧树脂胶浸纸电容型复合（复合绝缘外套）套管

环氧树脂胶浸纸电容型复合套管可以水平、垂直或以任何角度安装，防污秽能力强，抗震性能好。外绝缘一般以玻璃钢筒为骨架，外表面粘贴硅橡胶伞裙的形式，芯体与玻璃钢筒间隙采用电缆膏、干式固体填充胶、SF_6 等物质填充。也有少量套管直接在胶浸纸芯体上车削成型后，外表面粘贴硅橡胶伞裙，如图 5-31 所示。

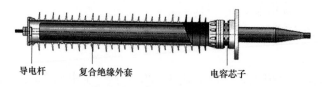

图 5-31 环氧树脂胶浸纸电容型复合套管结构示意图

5.2.1.3 环氧树脂胶浸纸电容型油—SF_6 套管

环氧树脂胶浸纸电容型油—SF_6 套管（ETG）适用于充油变压器和 SF_6 金属封闭开关设备之间直接连接。套管可以水平、垂直角度安装，如图 5-32 所示。

ETG 套管的主绝缘电容芯子是用绝缘纸和铝箔缠在套管的导电杆上，组成同心圆柱形电容器，经过真空干燥浸渍环氧树脂，固化而成。

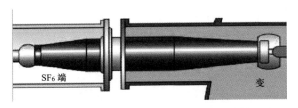

图 5-32　环氧树脂胶浸纸电容型油—SF6 套管示意图

5.2.1.4　环氧树脂胶浸纸电容型油—油套管

环氧树脂浸纸电容型油—油套管（ETO）适用于充油变压器和电缆盒及其他充油设备之间直接连接。套管可以水平、垂直安装。

ETO 套管的主绝缘电容芯子是用绝缘纸和铝箔缠在套管的导电杆上，组成同心圆柱形电容器，经过真空干燥浸渍环氧树脂，固化而成，如图 5-33 所示。

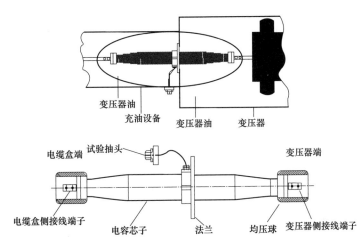

图 5-33　环氧树脂胶浸纸电容型油—油套管示意图

5.2.2　主要问题分析

5.2.2.1　按类型统计

对电力行业电容型复合绝缘套管问题统计分析，共提出 3 大类主要问题，如表 5-5 所示。

表 5-5　　　　　　　　　　　　电容型复合绝缘套管问题分类

问题分类	占比（%）
无法开展耐压、局部放电试验	75
SF_6 进入主变压器	17
进水、绝缘受潮	8

问题涉及的套管均为环氧树脂胶浸纸电容型油—SF_6 套管和油—油套管，无胶浸纸套管

问题案例。主要问题类型占比（按问题类型）如图 5-34 所示。

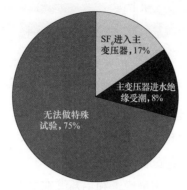

图 5-34　电容型复合绝缘套管主要问题占比（按问题类型）

5.2.2.2　按电压等级统计

按电压等级统计，220kV 设备问题占 58%；110kV 设备问题占 25%；66kV 设备问题占 17%，主要问题占比（按电压等级）如图 5-35 所示。

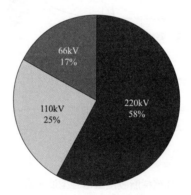

图 5-35　电容型复合绝缘套管问题占比（按电压等级）

5.2.3　可靠性提升措施

5.2.3.1　通用措施

（1）安全措施建议。

1）应采购生产装备先进、技术研发能力过硬、服务质量优异的供应商的产品，具有相同电压等级、相同结构形式的运行业绩。

2）生产厂家应针对各类缺陷异常开展优化设计和新技术研究。进行深入研究，消除新产品在设计制造中的缺陷。

3）变压器出厂和交接试验时应将供货的套管（包括环氧树脂胶浸纸电容型油—油套管和环氧树脂胶浸纸电容型油—SF_6 套管）安装在变压器上进行试验，如图 5-36 所示。

图 5-36　采用环氧树脂胶浸纸电容型油—SF$_6$套管的变压器加装试验套管试验示意图

4）新采购的套管，应选用新型接地结构的末屏，如图 5-37 所示。

图 5-37　新型接地结构末屏

5）充分利用设备停电机会，对套管进行试验检查，如进行介质损耗、电容量检查等。

6）利用电容分压原理，在末屏内增加一个小电容屏，取电压信号引出做测量端子，便于加装在线监测装置。

（2）提升措施建议。

1）地震高发地区推荐干式复合胶浸纸绝缘套管，化学重腐蚀地区推荐采用瓷质胶浸纸套管。

2）套管与胶浸纸之间的缝隙应填充材料，常见的填充材料有电缆膏（见图 5-38）、干式固体填充胶及 SF$_6$气体等。

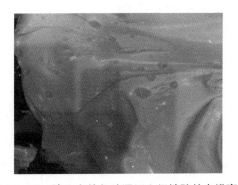

图 5-38　填充套管与胶浸纸之间缝隙的电缆膏

3）瓷外绝缘套管应按要求在出厂前喷涂 PRTV 等防污闪涂料，如图 5-39 所示。

图 5-39　出厂前已喷涂 PRTV 的套管在现场直接安装

4）66kV 及以上适量选用干式套管，积累运行经验。通过传奇（沈阳）套管公司、ABB（合肥）套管公司的调研，目前在北美、南美、欧洲、澳大利亚等地区采用干式胶浸纸套管比较普遍（约 70%）。

5.2.3.2　开展环氧树脂胶浸纸电容型油—SF_6、油—油套管耐压、局部放电试验的措施

（1）现状及需求。

随着电网建设与城市化电网的发展，越来越多的变电站采用户内布置形式，按国家电网公司典型设计，变压器与 GIS 户内布置的形式越来越多。采用环氧树脂胶浸纸电容型油—SF_6、油—油套管与 GIS 连接的方式节约占地面积，适合变电站"两型一化"的要求，节约征占地投资，但是无法对变压器、开关类设备进行分体的检测试验，如变压器的耐压、局部放电等试验。

需要在设计、选型、安装、运维等阶段采取措施，使采用环氧树脂胶浸纸电容型油—SF_6、油—油套管的变压器正常开展耐压、局部放电试验。

案例 1：变压器通过环氧树脂胶浸纸电容型油—SF_6 套管与 GIS 连接，由于没有预留试验套管的安装位置，在主变压器停电检修时无法正常开展耐压、局部放电试验，为了进行上述试验将高压侧套管和 GIS 放气并解体后进行试验，如图 5-40 所示。

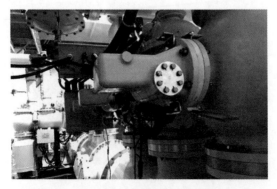

图 5-40　油—SF_6 套管常规试验的加压位置

案例 2：某 220kV 变压器采取室内布置，高压侧采用电缆进线，220kV 电缆头与变压器之间通过环氧树脂胶浸纸电容型油—油套管连接，不满足局部放电试验要求，最终拆除电缆头后使用试验套管进行局部放电试验，如图 5-41 所示。

图 5-41 环氧树脂胶浸纸电容型油—油套管不便于检修试验

（2）具体措施。

1）通过环氧树脂胶浸纸电容型油—SF₆ 套管或油—油套管与 GIS 连接的变压器，应预留试验套管安装接口，试验套管的安装位置应高于油箱上盖，便于变压器运维过程中的诊断性试验。

2）采用环氧树脂胶浸纸电容型油—油套管应将末屏引出至过渡油箱外，便于开展变压器和套管的试验及监测，如图 5-42 所示。

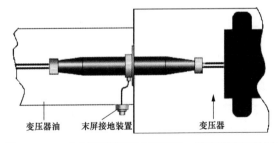

变压器油　　末屏接地装置　　　　　变压器

图 5-42 环氧树脂胶浸纸电容型油—油套管末屏的引出

3）按照电力行业标准《变压器、组合电器、电缆复合式连接交接试验导则》，开展变压器与 GIS、变压器与电缆连接方式的耐压及局部放电试验。

5.2.3.3 提升环氧树脂胶浸纸电容型油—SF₆、油—油套管的密封性

（1）现状及需求。

变压器与 GIS 通过环氧树脂胶浸纸电容型油—SF₆、油—油套管连接方式下，套管的密封性能受密封垫质量及其设计、安装、运行环境等因素的影响，可能发生 SF₆ 气体进入变压器本体，造成轻瓦斯报警，甚至发展为匝间绝缘损坏。

需要从加强密封、提高安装工艺等方面解决渗漏油问题。

案例：某变电站 1 号主变压器与 GIS 通过环氧树脂胶浸纸电容型油—SF_6 套管连接，由于冬季低温达到 –30℃，导杆密封圈失去弹性，密封性能降低，导致 GIS 内的 SF_6 气体进入变压器，主变压器进气后轻瓦斯报警，如图 5-43 和图 5-44 所示。

图 5-43 SF_6 母线侧套管法兰处渗油

图 5-44 环氧树脂胶浸纸电容型油—SF_6 套管密封胶圈严重变形

（2）具体措施。

按照变压器运行环境极限温度选择环氧树脂胶浸纸电容型油—SF_6、油—油套管的密封圈，包括胶装法兰内的密封圈，严寒地区推荐选用耐低温的氟硅橡胶做密封材料。

5.2.4 智能化关键技术

通过广泛调研，共提出 4 项智能化关键技术。

5.2.4.1 标准化提升措施建议

参照瓷质油套管相关章节执行。

5.2.4.2 套管介质损耗及电容量在线监测研究及应用

参照瓷质油套管相关章节执行。

5.2.4.3 套管接头过热监测

参照瓷质油套管相关章节执行。

5.2.4.4 套管局部放电在线监测研究及应用

参照干式玻璃钢套管相关章节执行。

5.3 干式玻璃钢套管

5.3.1 简介

干式玻璃钢套管采用玻璃钢复合材料作内绝缘，硅橡胶复合材料作外绝缘，由玻璃钢电容芯体、接线板、导电杆、法兰、均压球等部件组成。芯体由玻璃纤维、环氧树脂和电容屏直接包裹铝管构成，中间均匀分布电容屏，具有较高的机械强度，结构简单，密封环节少，可用于变压器、GIS 和穿墙等用途。干式玻璃钢套管实物图和结构示意图如图 5-45 所示。

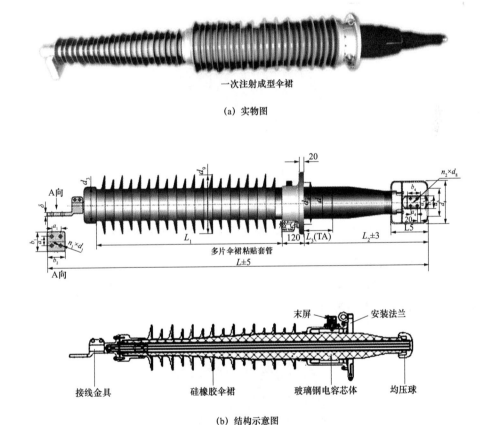

图 5-45 干式玻璃钢套管实物图和结构示意图

5.3.2 主要问题分析

5.3.2.1 按问题类型统计

对电力行业干式玻璃钢套管问题统计分析，共提出套管过热、主变压器出现乙炔、主变压器重瓦斯跳闸 3 类主要问题。其中，由于套管军帽加工工艺问题导致套管发热占 50%；由于套管自身质量缺陷问题导致主变压器重瓦斯跳闸占 25%；由于套管军帽加工工

181

艺问题导致变压器乙炔增长占 25%，如表 5-6 所示，主要问题占比（按问题类型）如图 5-46 所示。

表 5-6 干式玻璃钢套管主要问题分类

问题分类	占比（%）
套管过热	50
重瓦斯跳闸	25
变压器出现乙炔	25

图 5-46 干式玻璃钢套管主要问题占比（按问题类型）

5.3.2.2 按电压等级统计

按电压等级统计 220kV 设备问题占 50%；110kV 设备问题占 25%，66kV 设备问题占 25%，主要问题占比（按电压等级）如图 5-47 所示。

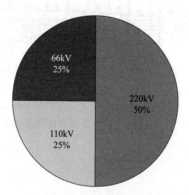

图 5-47 干式玻璃钢套管主要问题占比（按电压等级）

5.3.3 可靠性提升措施

（1）应采购生产装备先进、技术研发能力过硬、服务质量优异的供应商的产品，具有相同电压等级、相同结构形式的运行业绩。

（2）加强设备制造过程的过程管控，建立随机抽样检测机制，生产厂商运至现场的设备数量应大于需安装的设备数量，以供业主方专业技术人员开展随机抽检，提升对产品质量的掌控程度。

（3）加强套管末屏接地检测、检修及运行维护管理，在变压器投运时和运行中开展套管末屏接地状况带电检测。

（4）套管末屏接地装置进行试验和检修时应使用专用工具，严禁用钳子、螺丝刀等硬物操作，避免损伤末屏接地连接及接地帽，防止试验和检修期间不合理的操作造成末屏开路故障。

（5）做好套管接线金具的安装和与引流线的连接，压接面应涂抹 0.2~0.3mm 厚的导电脂，采用合理的力矩扳手进行紧固，防止套管接头过热。

案例 1：110kV 某变电站巡视时发现 2 号主变压器 110kV 侧 A 相 110kV 干式玻璃钢套管本体上部温度 36.5℃，与其他相同部位相差 10.9℃，如图 5-48 所示。

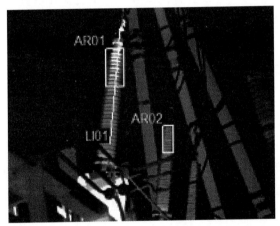

图 5-48　紧固力矩不够导致的套管顶部过热

（6）套管连接引流线安装过程中应留有适当的裕度或采用软连接过渡，避免因引线拉力过大，导致套管发生形变造成接触不良和内部进水受潮。

（7）充分利用设备停电机会，对套管进行试验检查，如进行介质损耗、电容量检查等。

（8）利用电容分压原理，在末屏内增加一个小电容屏，取电压信号引出做测量端子，便于加装在线监测装置。

（9）应尽量采用导杆结构，不宜采用穿缆、穿管、拉杆等其他形式，有效避免运行中发生引线分流、将军帽过热等现象。

案例 2：66kV 某变电站 1 号主变压器 A 相高压套管过热，A 相 65℃，B、C 相 15℃，需尽快停电处理，如图 5-49 和图 5-50 所示。

图 5-49　红外测温 A 相套管过热

图 5-50　打开将军帽处理过热点

（10）规范、简化套管的型号，将各电压等级套管型式和种类简化为 2~3 种，减少备品储备量与投资，实现备品的通用性。如 220kV 套管目前额定电流有 630、1250、1600、2000、2500、3150、4000A……简化为 2500A 和 4000A。

（11）规范、简化导流型式，导杆式、穿缆式、拉杆式、穿杆式等统一采用导杆式。

（12）套管法兰安装尺寸进行统一规定，如 220kV 套管孔径为 270mm，安装法兰中心距为 500mm，固定螺栓数量为 M24×12；500kV 套管孔径为 390mm，安装法兰中心距为 660mm，固定螺栓数量为 M24×16。

（13）固化套管整体长度、油侧套管长度及套筒长度等：如 220kV 总长为 5040mm，油中长度为 1880mm，套筒长度为 760mm；500kV 总长为 8445mm，油中长度为 2160mm，套筒长度为 750mm。

（14）固化套管外绝缘统一为 E 级，包括固化伞裙数量、爬距、大小伞裙尺寸等。

5.3.4　智能化关键技术

通过对运检单位、制造厂家、科研机构调研，共提出 3 项智能化关键技术。

5.3.4.1　套管接头过热监测

参照瓷质油套管相关章节执行。

5.3.4.2　套管局部放电在线监测研究及应用

（1）现状及需求。

局部放电放电检测是变压器绝缘评估的重要手段之一，脉冲电流法在离线局部放电检测中应用非常广泛，检测灵敏度很高，但是由于其检测时需要停电安装，且抗干扰性差，不适合变压器局部放电在线监测的应用。

套管局部放电在线监测可以监测变压器套管的运行状态，提前发现套管内部的隐形缺陷及隐患，及时更换处理，避免套管突发事故发生。

目前，该技术已在国内部分变电站有所应用，某 220kV / 120MVA 变压器出产试验时采用常规局部放电仪与基于干式玻璃钢套管的变压器局部放电监测仪同步测量数据对比，从表 5-7 中可看到基于干式玻璃钢套管的局部放电监测仪读数与常规局部放电仪读数基本一致。

表 5-7 在线监测局部放电与离线数据对比

电压值	常规局部放电仪读数（pC）			基于干式玻璃钢套管的局部放电监测仪读数（pC）		
	A 相	B 相	C 相	A 相	B 相	C 相
$1.1U_m$	20	20	20	15	15	18
$1.3U_m$	20	20	20	21	20	18
$2U_m$	20	20	20	24	22	21

（2）技术路线。

基于干式玻璃钢套管的变压器局部放电检测方法，不需要改变变压器或变压器套管的任何安装结构及电气特性，不需要在变压器上安装任何附件及传感器，通过干式玻璃钢套管智能端子耦合变压器的脉冲电流信号，实现变压器局部放电的在线监测；同时通过检测套管的末屏接地电流表征干式玻璃钢套管的绝缘状态。干式玻璃钢套管及智能端子实物图如图 5-51 所示。

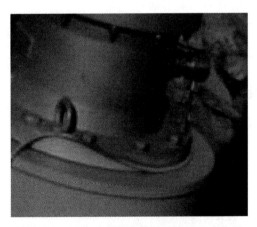

图 5-51 干式玻璃钢套管及智能端子实物图

5.3.4.3 套管介质损耗及电容量在线监测研究及应用

参照瓷质油套管相关章节执行。

5.4 高压套管对比及选型建议

5.4.1 对比范围

套管的绝缘主要包括内绝缘和外绝缘两部分。套管的内绝缘主要有油浸纸电容型、环氧树脂胶浸纸干式、玻璃钢干式、纯瓷等形式，外绝缘主要有硅橡胶复合外绝缘和瓷质外绝缘等形式。

5.4.2 优缺点比较

5.4.2.1 性能对比

各类高压套管性能对比如表 5–8 所示。

表 5–8　　　　　　　　　　各类高压套管性能对比

性能＼设备	油浸纸	胶浸纸	干式玻璃钢
使用范围	SF$_6$　1000kV	35~750kV	20~220kV
绝缘介质	油、纸	树脂、电缆膏等	玻璃纤维
外绝缘形式	瓷、硅橡胶	瓷、硅橡胶	硅橡胶
绝缘性能	较好	较好	较好
温度特性	−45~+60℃（45 号油） −25~+60℃（25 号油）	−45~+60℃	−45~+60℃
技术成熟度	成熟	成熟	成熟

5.4.2.2 安全性对比

各类高压套管安全性对比如表 5–9 所示。

表 5–9　　　　　　　　　　各类高压套管安全性对比

安全性＼设备	油浸纸	胶浸纸	干式玻璃钢
对设备安全	存在渗漏油风险，造成套管及变压器故障停运	不存在渗漏油风险	不存在渗漏油风险
对人身安全	存在爆炸起火风险	无爆炸起火风险	无爆炸起火风险
对电网安全	如爆炸起火，波及范围广，可能造成变压器、电抗器本体及周边设备损坏	不会发生爆炸起火，套管故障对变压器本体及周边设备无影响	不会发生爆炸起火，套管故障对变压器本体及周边设备无影响

5.4.2.3　可靠性对比

各类高压套管可靠性对比如表 5–10 所示。

表 5–10　　　　　　　　　　　各类高压套管可靠性对比

设备 可靠性	油浸纸	胶浸纸	干式玻璃钢
故障概率	较高（0.18%）	低（0.03%）	较高（0.14%）
故障检修时间	长	较短	较短
问题及主要缺陷	过热、密封不良、受潮、渗漏油	过热	过热
制造工艺和质量控制（工厂）	电容芯体卷制、装配、干燥、抽空、浸油	电容芯体绕制、干燥、抽空、浸渍、车削、装配	电容芯体绕制、干燥、车削、粘贴复合外套

注　故障概率 = 上报故障数 / 该类型套管统计数量。

5.4.2.4　便利性对比

各类高压套管便利性对比如表 5–11 所示。

表 5–11　　　　　　　　　　　各类高压套管便利性对比

设备 便利性	油浸纸	胶浸纸	干式玻璃钢
安装便利性	安装时需要控制安装角度	安装时无需控制角度	安装时无需控制角度
运维便利性	巡视油位、渗漏油，红外测温	红外测温	红外测温
检修便利性	现场拆卸后垂直放置需要专用支架，水平放置油位指示器向下，如处理油需要滤油机等设备	水平放置，不需支架及包装箱，无油处理	水平放置，不需支架及包装箱，无油处理
检修工作量	根据运行环境污秽程度需定期清扫； 定期检查防污涂料的憎水性，如不满足规定需擦净重涂； 渗漏油时有发生，需停电处理； 试验项目包括油色谱、油简化、套管绝缘电阻、介质损耗和电容量	定期检查憎水性； 检查硅橡胶龟裂、粉化； 试验项目包括套管绝缘电阻、介质损耗和电容量	定期检查憎水性； 检查硅橡胶龟裂、粉化； 试验项目包括套管绝缘电阻、介质损耗和电容量
检修时间	每台主变压器 2 人 4h	每台主变压器 2 人 2h	每台主变压器 2 人 2h

5.4.2.5　一次性建设成本

各类高压套管一次性建设成本对比如表 5-12 所示。

表 5-12　　　　　　　　　各类高压套管一次性建设成本对比

建设成本 ＼ 设备	油浸纸	胶浸纸	干式玻璃钢
采购成本	—	3~4 倍	2~3 倍
安装成本	相近	相近	相近
调试成本	—	0.6 倍 无绝缘油项目	0.6 倍 无绝缘油项目

5.4.2.6　后期成本

高压套管后期成本对比如表 5-13 所示。

表 5-13　　　　　　　　　各类高压套管后期成本对比

后期成本 ＼ 设备	油浸纸	胶浸纸	干式玻璃钢
运维成本	运行过程中需对油位进行巡视，需喷涂 PRTV，日常主要开展红外测温工作	运行过程中主要开展红外测温工作	运行过程中主要开展红外测温工作
检修成本	需要做油的相关试验，处理渗漏油，表面清扫	无	无
更换成本	出现异常可以更换，且可返厂解体检查	出现异常需整体更换	出现异常需整体更换

5.4.2.7　外绝缘性能

各类高压套管外绝缘性能对比如表 5-14 所示。

表 5-14　　　　　　　　　各类高压套管外绝缘性能对比

项目 ＼ 设备	瓷外套	复合外套
防污能力	较弱，需喷涂防污闪涂料或增加爬裙	—
耐腐蚀	耐化学腐蚀能力强	一般
运输要求	抗冲击能力差，加装三维冲撞记录仪	抗冲击能力较好，也需加装三维冲撞记录仪
抗震性能	差	好

5.4.3 优缺点总结及选型建议

5.4.3.1 油纸电容型瓷外绝缘套管

优点：耐化学腐蚀能力强、绝缘性能好；技术成熟、寿命长；可进行油中溶解气体分析，提前发现异常。

缺点：瓷质材料易碎，运输安装过程中容易受到冲击力而产生破碎裂纹等缺陷；运行维护工作量大，根据环境要求需要喷涂防污闪涂料，定期检测憎水性等；油纸电容型套管易发生渗漏油，需进行套管缺油补油、检测等检修工作；订货前要明确使用的油号，不同油号的绝缘油满足的低温气候条件不同；内部故障产生爆炸起火，波及范围广。

5.4.3.2 胶浸纸绝缘套管

（1）胶浸纸瓷质套管。

优点：耐腐蚀能力强、绝缘性能好；技术成熟、寿命长；适用于各种气候条件等。

缺点：瓷质材料易碎，运输安装过程中容易受到冲击力而产生破碎裂纹等缺陷；运行维护工作量大，根据环境要求需要喷涂防污闪涂料，定期检测憎水性等；内部故障产生瓷套炸裂，波及范围小。

（2）胶浸纸复合外绝缘套管。

优点：质量轻，便于现场安装；抗震性好；抗污秽性能好，无需喷涂防污闪涂料。

缺点：硅橡胶与玻璃钢筒或芯体车削面胶合面易出现粘贴不牢，硅橡胶含量少于 30%，容易出现龟裂粉化。

（3）环氧树脂胶浸纸电容型油—油、油—SF_6 复合绝缘套管。

优点：结构简单，体积小；适用于变压器与电缆、GIS 等连接，节约变电站的占地面积。

缺点：设备状态无法有效监测；检修试验不方便；耐压、局部放电试验需外接试验套管等特殊工装。

5.4.3.3 干式玻璃钢套管

优点：维护检修工作量少，无爆炸及起火危险。

缺点：一旦损坏不易查出深层原因；目前价格高于同等规格油浸瓷套管；高电压等级运行经验少（330kV 以上无）；采用半导体作电容屏，抗雷电冲击性能差。

5.4.3.4 选型建议

通过以上对比分析，选型建议如下：

（1）35kV 及以下电压等级推荐选用纯瓷套管。

（2）地震高发地区推荐干式复合绝缘套管。

（3）化学重腐蚀地区推荐采用瓷质套管。

（4）220kV 及以上电压等级应慎重选用玻璃钢套管。

（5）66kV 及以上适量选用干式套管，积累运行经验。通过传奇（沈阳）套管公司、ABB（合肥）套管公司的调研，目前在北美、南美、欧洲、澳大利亚等地区采用干式胶浸纸套管比较普遍（约 70%）。

（6）电容型套管导流型式应选用导杆式。